The NASA STI Program Office ... in Profile

Since its founding, NASA has been dedicated to the advancement of aeronautics and space science. The NASA Scientific and Technical Information (STI) Program Office plays a key part in helping NASA maintain this important role.

The NASA STI Program Office is operated by Langley Research Center, the lead center for NASA's scientific and technical information. The NASA STI Program Office provides access to the NASA STI Database, the largest collection of aeronautical and space science STI in the world. The Program Office is also NASA's institutional mechanism for disseminating the results of its research and development activities. These results are published by NASA in the NASA STI Report Series, which includes the following report types:

- TECHNICAL PUBLICATION. Reports of completed research or a major significant phase of research that present the results of NASA programs and include extensive data or theoretical analysis. Includes compilations of significant scientific and technical data and information deemed to be of continuing reference value. NASA's counterpart of peer-reviewed formal professional papers but has less stringent limitations on manuscript length and extent of graphic presentations.

- TECHNICAL MEMORANDUM. Scientific and technical findings that are preliminary or of specialized interest, e.g., quick release reports, working papers, and bibliographies that contain minimal annotation. Does not contain extensive analysis.

- CONTRACTOR REPORT. Scientific and technical findings by NASA-sponsored contractors and grantees.

- CONFERENCE PUBLICATION. Collected papers from scientific and technical conferences, symposia, seminars, or other meetings sponsored or cosponsored by NASA.

- SPECIAL PUBLICATION. Scientific, technical, or historical information from NASA programs, projects, and mission, often concerned with subjects having substantial public interest.

- TECHNICAL TRANSLATION. English-language translations of foreign scientific and technical material pertinent to NASA's mission.

Specialized services that complement the STI Program Office's diverse offerings include creating custom thesauri, building customized databases, organizing and publishing research results ... even providing videos.

For more information about the NASA STI Program Office, see the following:

- Access the NASA STI Program Home Page at http://www.sti.nasa.gov/STI-homepage.html

- E-mail your question via the Internet to help@sti.nasa.gov

- Fax your question to the NASA Access Help Desk at (301) 621-0134

- Telephone the NASA Access Help Desk at (301) 621-0390

- Write to:
  NASA Access Help Desk
  NASA Center for AeroSpace Information
  7115 Standard Drive
  Hanover, MD 21076–1320

NASA/TP—2007–214149

Total Solar Eclipse of 2008 August 01

F. Espenak
NASA Goddard Space Flight Center, Greenbelt, Maryland

J. Anderson
Royal Astronomical Society of Canada, Winnipeg, Manitoba

National Aeronautics and
Space Administration

Goddard Space Flight Center
Greenbelt, Maryland 20771

March 2007

Available from:

NASA Center for AeroSpace Information
7115 Standard Drive
Hanover, MD 21076-1320

National Technical Information Service
5285 Port Royal Road
Springfield, VA 22161

F. Espenak and J. Anderson

Preface

This work is the eleventh in a series of NASA publications containing detailed predictions, maps, and meteorological data for future central solar eclipses of interest. Published as part of NASA's Technical Publication (TP) series, the eclipse bulletins are prepared in cooperation with the Working Group on Eclipses of the International Astronomical Union and are provided as a public service to both the professional and lay communities, including educators and the media. In order to allow a reasonable lead time for planning purposes, eclipse bulletins are published 18 to 24 months before each event.

Single copies of the bulletins are available at no cost by sending a 9 × 12 inch self-addressed stamped envelope with postage for 12 oz. (340 g). Detailed instructions and an order form can be found at the back of this publication.

The 2008 bulletin uses the World Data Bank II (WDBII) mapping database for the path figures. WDBII outline files were digitized from navigational charts to a scale of approximately 1:3,000,000. The database is available through the *Global Relief Data CD-ROM* from the National Geophysical Data Center. The highest detail eclipse maps are constructed from the Digital Chart of the World (DCW), a digital database of the world developed by the U.S. Defense Mapping Agency (DMA). The primary sources of information for the geographic database are the Operational Navigation Charts (ONC) and the Jet Navigation Charts (JNC). The eclipse path and DCW maps are plotted at a scale of 1:5,000,000 to 1:6,000,000 in order to show roads, cities and villages, and lakes and rivers, making them suitable for eclipse expedition planning.

The geographic coordinates database includes over 90,000 cities and locations. This permits the identification of many more cities within the umbral path and their subsequent inclusion in the local circumstances tables. Many of these locations are plotted in the path figures when the scale allows. The source of these coordinates is Rand McNally's *The New International Atlas*. A subset of these coordinates is available in digital form, which has been augmented with population data.

The bulletins have undergone a great deal of change since their inception in 1993. The expansion of the mapping and geographic coordinates databases have improved the coverage and level of detail. This renders them suitable for the accuracy required by scientific eclipse expeditions. Some of these changes are the direct result of suggestions from the end user. Readers are encouraged to share comments and suggestions on how to improve the content and layout in subsequent editions. Although every effort is made to ensure that the bulletins are as accurate as possible, an error occasionally slips by. We would appreciate your assistance in reporting all errors, regardless of their magnitude.

We thank Dr. B. Ralph Chou for a comprehensive discussion on solar eclipse eye safety (Sect. 3.1). Dr. Chou is Professor of Optometry at the University of Waterloo with over 30 years of eclipse observing experience. As a leading authority on the subject, Dr. Chou's contribution should help dispel much of the fear and misinformation about safe eclipse viewing.

Dr. Joe Gurman (GSFC/Solar Physics Branch) has made this and previous eclipse bulletins available over the Internet. They can be read or downloaded via the World Wide Web from Goddard's Solar Data Analysis Center eclipse information page http://umbra.nascom.nasa.gov/eclipse/.

The **NASA Eclipse Home Page** provides general information on every solar and lunar eclipse occurring during the period 1901 through 2100. An online catalog also lists the date and basic characteristics of every solar and lunar eclipse from 2000 BCE through 3000 CE. The "world atlas of solar eclipses" provides maps for every central solar eclipse path over the same five-millennium period. The URL of the **NASA Eclipse Home Page** is http://sunearth.gsfc.nasa.gov/eclipse/eclipse.html.

In addition to the synoptic data provided by the Web site above, a special page for the 2008 total solar eclipse has been prepared: http://sunearth.gsfc.nasa.gov/eclipse/SEmono/TSE2008/TSE2008.html. It includes supplemental predictions, figures, and maps, which are not included in the present publication.

Because the eclipse bulletins have size limits, they cannot include everything needed by every scientific investigation. Some investigators may require exact contact times, which include lunar limb effects, or times for a specific observing site not listed in the bulletin. Other investigations may need customized predictions for an aerial rendezvous, or near the path limits for grazing eclipse experiments. We would like to assist such investigations by offering to calculate additional predictions for any professionals or large groups of amateurs. Please contact Fred Espenak with complete details and eclipse prediction requirements.

We would like to acknowledge the valued contributions of a number of individuals who were essential to the success of this publication. The format and content of the NASA eclipse bulletins has drawn heavily upon over 40 years of eclipse *Circulars* published by the U.S. Naval Observatory. We owe a debt of gratitude to past and present staff of that institution who performed this service for so many years. The numerous publications and algorithms of Dr. Jean Meeus have served to inspire a life-long interest in eclipse prediction. Prof. Jay M. Pasachoff reviewed the manuscript and offered many helpful suggestions. Dr. David Dunham and Paul Maley reviewed and updated the information about eclipse contact timings. Internet availability of the eclipse bulletins is due to the efforts of Dr. Joseph B. Gurman. The support of Environment Canada is acknowledged in the acquisition of the weather data.

Permission is freely granted to reproduce any portion of this publication, including data, figures, maps, tables, and text. All uses and/or publication of this material should be accompanied by an appropriate acknowledgment (e.g., "Reprinted from NASA's *Total Solar Eclipse of 2008 August 01*, Espenak and Anderson 2007"). We would appreciate receiving a copy of any publications where this material appears.

The names and spellings of countries, cities, and other geopolitical regions are for identification purposes only. They are not authoritative, nor do they imply any official recognition in status by the United States Government. Corrections to names, geographic coordinates, and elevations are actively solicited in order to update the database for future bulletins. All calculations, diagrams, and opinions are those of the authors and they assume full responsibility for their accuracy.

Fred Espenak
NASA/Goddard Space Flight Center
Planetary Systems Laboratory, Code 693
Greenbelt, MD 20771
USA

E-mail: espenak@gsfc.nasa.gov
Fax: (301) 286-0212

Jay Anderson
Royal Astronomical Society of Canada
189 Kingsway Ave.
Winnipeg, MB
CANADA R3M 0G4

E-mail: jander@cc.umanitoba.ca

Past and Future NASA Solar Eclipse Bulletins

NASA Eclipse Bulletin	RP #	Publication Date
Annular Solar Eclipse of 1994 May 10	1301	April 1993
Total Solar Eclipse of 1994 November 3	1318	October 1993
Total Solar Eclipse of 1995 October 24	1344	July 1994
Total Solar Eclipse of 1997 March 9	1369	July 1995
Total Solar Eclipse of 1998 February 26	1383	April 1996
Total Solar Eclipse of 1999 August 11	1398	March 1997

NASA Eclipse Bulletin	TP #	Publication Date
Total Solar Eclipse of 2001 June 21	1999-209484	November 1999
Total Solar Eclipse of 2002 December 04	2001-209990	October 2001
Annular and Total Solar Eclipses of 2003	2002-211618	October 2002
Total Solar Eclipse of 2006 March 29	2004-212762	November 2004
Total Solar Eclipse of 2008 August 01	2007-214149	March 2007

- - - - - - - - - - future - - - - - - - - - - -

Total Solar Eclipse of 2009 July 22	—	2008
Total Solar Eclipse of 2010 July 11	—	2009

Table of Contents

1. ECLIPSE PREDICTIONS 1
    1.1 Introduction 1
    1.2 Umbral Path and Visibility... 1
    1.3 Orthographic Projection Map of the Eclipse Path... 2
    1.4 Stereographic Projection Map of the Eclipse Path 2
    1.5 Equidistant Conic Projection Map of the Eclipse Path.. 2
    1.6 Detailed Maps of the Umbral Path.. 2
    1.7 Elements, Shadow Contacts, and Eclipse Path Tables 3
    1.8 Local Circumstances Tables... 4
    1.9 Estimating Times of Second and Third Contacts 5
    1.10 Mean Lunar Radius 6
    1.11 Lunar Limb Profile 6
    1.12 Limb Corrections to the Path Limits: Graze Zones 8
    1.13 Saros History 9

2. WEATHER PROSPECTS FOR THE ECLIPSE 9
    2.1 Overview 9
    2.2 The Canadian Archipelago 9
    2.3 Northern Greenland 10
    2.4 Spitzbergen Island to the Russian Coast... 10
    2.5 Siberia 11
    2.6 Local Conditions Around Novosibirsk 11
    2.7 China 12
    2.8 Local Conditions Around Hami 12
    2.9 Local Conditions Near Xi'an 13
    2.10 Getting Weather Information... 13
    2.11 Summary 14

3. OBSERVING THE ECLIPSE 14
    3.1 Eye Safety and Solar Eclipses 14
    3.2 Sources for Solar Filters 16
    3.3 Eclipse Photography 17
    3.4 Sky at Totality 18
    3.5 Contact Timings from the Path Limits 18
    3.6 Plotting the Path on Maps.. 19

4. ECLIPSE RESOURCES 19
    4.1 IAU Working Group on Eclipses... 19
    4.2 IAU Solar Eclipse Education Committee.. 19
    4.3 Solar Eclipse Mailing List 19
    4.4 The 2007 International Solar Eclipse Conference 20
    4.5 NASA Eclipse Bulletins on the Internet.. 20
    4.6 Future Eclipse Paths on the Internet 20
    4.7 NASA Web Site for 2008 Total Solar Eclipse 20
    4.8 Predictions for Eclipse Experiments.. 21
    4.9 Algorithms, Ephemerides, and Parameters 21

AUTHOR'S NOTE.. 21
TABLES... 23
FIGURES... 45
ACRONYMS 66
UNITS 66
BIBLIOGRAPHY... 66
    Further Reading on Eclipses 67
    Further Reading on Eye Safety 68
    Further Reading on Meteorology.. 68

1. Eclipse Predictions

1.1 Introduction

On Friday, 2008 August 01, a total eclipse of the Sun is visible from within a narrow corridor that traverses half of Earth. The path of the Moon's umbral shadow begins in northern Canada and extends across Greenland, the Arctic, central Russia, Mongolia, and China (Espenak and Anderson, 2006). A partial eclipse is seen within the much broader path of the Moon's penumbral shadow, which includes northeastern North America, most of Europe, and Asia (Figures 1 and 2).

1.2 Umbral Path and Visibility

The path of totality begins in northern Canada (Figure 3), where the Moon's umbral shadow first touches down in the territory of Nunavut at 09:21 UT (Universal Time). Along the sunrise terminator in Queen Maud Gulf, the duration is 1 min 30 s from the center of the 206 km wide path. Traveling over 0.6 km/s, the umbra quickly sweeps north across southern Victoria Island, Prince of Wales Island, and Northern Somerset Island (Figure 4). The shadow's northern limit clips the southeastern corner of Cornwallis Island and just misses the high Arctic town of Resolute. The ~200 residents of this isolated settlement will witness a partial eclipse of magnitude 0.997 at 09:26 UT with the Sun 7° above the horizon.

Continuing on its northeastern trajectory, the umbra crosses Devon Island and reaches the southern coast of Ellesmere Island where it engulfs the tiny hamlet of Grise Fiord. The duration of total eclipse here is 1 min 38 s. The central line cuts across Nares Strait as the shadow straddles Ellesmere Island and Greenland (Figure 5). Canada's remote outpost Alert, the northernmost permanently inhabited place on Earth, lies near the northern limit of the eclipse track and experiences 43 s of totality with the Sun at 16° altitude at 09:32 UT.

The northern half of the path encounters the open Arctic, while the southern half cuts across the many fjords of northern Greenland. Leaving the coast of Greenland, the shadow reaches its northernmost latitude (83° 47′) at 09:38 UT as it traverses the landless Arctic Ocean. Slowly curving to the southeast, the track passes between Franz Josef Land and Svalbard where George Land and Kvitoya Island are cut by its northern and southern limits, respectively (Figure 6). By the time the central line reaches the northern coast of Novaya Zemlya (10:00UT), the duration is 2 min 23 s with the Sun at 31° (Figures 7 and 8). The track crosses both the island and the Kara Sea before reaching the Yamal Peninsula and the Russian mainland at 10:10 UT (Figures 8).

The instant of greatest eclipse occurs at 10:21:07 UT (latitude 65° 39′N, longitude 72° 18′E) when the axis of the Moon's shadow passes closest to the center of Earth (gamma[1] = +0.8307). When totality reaches its maximum duration of 2 min 27 s, the Sun's altitude is 34°, the path width is 237 km, and the umbra's velocity is 0.507 km/s. The Russian city of Nadym (population ~46,000) lies nearby and only loses 1 s of totality because of its short distance (~14 km) from the central line (Figure 9).

During the next hour, the Moon's umbra works its way across central Asia. The shadow gradually picks up speed and its course changes from south-southeast to nearly east at its terminus (Figure 7). Central Russia is sparsely populated, however, there are a few small cities in the path of totality including Megion, Nizhnevartovsk, and Strezhevoy (Figure 10).

Novosibirsk, Russia's third most populous city (pop. ~1.4 million), lies only 18 km from the central line. The midpoint of Novosibirsk's 2 min 18 s total eclipse occurs at 10:45 UT with the Sun's altitude at 30° (Figures 10 and 11). Three and a half minutes later, Barnaul (pop. ~600,000) is plunged into a 2 min 16 s total eclipse.

As the umbral shadow exits Russia, it briefly encompasses the intersection of four nations: Russian, Kazakhstan, China, and Mongolia. After crossing the Altay Mountains, the center of the track follows the China-Mongolia border for several hundred kilometers while the central duration and the Sun's altitude decrease (Figure 12). During this period, the central line crosses from Mongolia to China to Mongolia and finally back to China where it remains until the end of the eclipse track.

From Altay, China, the total eclipse begins at 10:59 UT and lasts 1 min 25 s with the Sun 25° above the horizon. Across the border, western Mongolia is very sparsely populated and the Altan Mountains bring cloudiness to the area. Ten minutes later, the umbra just misses Hami, China (pop. ~137,000) where a deep partial eclipse of magnitude 0.998 occurs at 11:10 UT. About 140 km east of Hami, Yiwu lies just 25 km southwest of the central line (Figure 13). Inhabitants of this small town witness a total eclipse lasting 1 min 56 s with the Sun at an altitude of 19°. This region in northwest China is noteworthy because it offers some of the most promising weather prospects along the entire eclipse path. Its position between the Gobi Desert to the east and the Talikmakan Desert to the west spares it from the monsoon systems that affect much of Southeast Asia during the summer months.

During the final 10 min of the umbra's track, it quickly sweeps across northern China as the duration of totality and the Sun's altitude continue to decrease. Juiquan (pop. ~73,000) lies in the path near the southern limit, but it still experiences a total eclipse lasting 1 min 08 s at 11:15 UT (Figure 14). Further east, the major city of Xi'an (population ~3.9 million) straddles the southern limit where maximum eclipse occurs with the Sun just 4° above the horizon (Figure 15). From the central line, 106 km to the north, the duration of totality still lasts 1 min 35 s. Seconds later, the Moon's shadow lifts off Earth and the total eclipse ends (11:21 UT). Over the course of 2 h, the Moon's umbra travels along a path approximately 10,200 km long and covers 0.4% of Earth's surface area.

---

1. Gamma is the perpendicular distance of the Moon's shadow axis from Earth's center in units of equatorial Earth radii. It is measured when the distance to the geocenter reaches a minimum (i.e., instant of greatest eclipse).

1.3 Orthographic Projection Map of the Eclipse Path

Figure 1 is an orthographic projection map of Earth (adapted from Espenak 1987) showing the path of penumbral (partial) and umbral (total) eclipse. The daylight terminator is plotted for the instant of greatest eclipse with north at the top. The sub-Earth point is centered over the point of greatest eclipse and is indicated with an asterisk symbol. The subsolar point (Sun in zenith) at that instant is also shown.

The limits of the Moon's penumbral shadow define the region of visibility of the partial eclipse. This saddle-shaped region often covers more than half of Earth's daylight hemisphere and consists of several distinct zones or limits. At the southern boundary lies the limit of the penumbra's path. Great loops at the western and eastern extremes of the penumbra's path identify the areas where the eclipse begins and ends at sunrise and sunset, respectively. Bisecting the "eclipse begins and ends at sunrise and sunset" loops is the curve of maximum eclipse at sunrise (western loop) and sunset (eastern loop). The exterior tangency points P1 and P4 mark the coordinates where the penumbral shadow first contacts (partial eclipse begins) and last contacts (partial eclipse ends) Earth's surface. The path of the umbral shadow travels west to east within the penumbral path.

A curve of maximum eclipse is the locus of all points where the eclipse is at maximum at a given time. They are plotted at each half hour in Universal Time, and generally run in a north-south direction. The outline of the umbral shadow is plotted every 10 min in Universal Time. Curves of constant eclipse magnitude[2] delineate the locus of all points where the magnitude at maximum eclipse is constant. These curves run exclusively between the curves of maximum eclipse at sunrise and sunset. Furthermore, they are quasi-parallel to the southern penumbral limit. This limit may be thought of as a curve of constant magnitude of 0.0, while the adjacent curves are for magnitudes of 0.2, 0.4, 0.6, and 0.8. The northern and southern limits of the path of total eclipse are curves of constant magnitude of 1.0.

At the top of Figure 1, the Universal Time of geocentric conjunction between the Moon and Sun is given for equatorial and ecliptic coordinates followed by the instant of greatest eclipse. The eclipse magnitude is given for greatest eclipse. It is equivalent to the geocentric ratio of diameters of the Moon and Sun. Gamma is the minimum distance of the Moon's shadow axis from Earth's center in units of equatorial Earth radii. Finally, the Saros series number of the eclipse is given along with its relative sequence in the series.

---

2. Eclipse magnitude is defined as the fraction of the Sun's diameter occulted by the Moon. It is strictly a ratio of *diameters* and should not be confused with eclipse obscuration, which is a measure of the Sun's surface *area* occulted by the Moon. Eclipse magnitude is usually expressed as a decimal fraction (e.g., 0.50 for 50%).

1.4 Stereographic Projection Map of the Eclipse Path

The stereographic projection of Earth in Figure 2 depicts the path of penumbral and umbral eclipse in greater detail. The map is oriented with north up. International political borders are shown and circles of latitude and longitude are plotted at 30° increments. The region of penumbral or partial eclipse is identified by its southern limit, curves of eclipse begins or ends at sunrise and sunset, and curves of maximum eclipse at sunrise and sunset. Curves of constant eclipse magnitude are plotted for magnitudes 0.20, 0.40, 0.60, and 0.80, as are the limits of the path of total eclipse. Also included are curves of greatest eclipse at every half hour Universal Time.

Figures 1 and 2 may be used to quickly determine the approximate time and magnitude of maximum eclipse at any location within the eclipse path.

1.5 Equidistant Conic Projection Map of the Eclipse Path

Figures 3 and 7 are maps using an equidistant conic projection chosen to minimize distortion, and that isolate the Arctic and Asian portions of the umbral path. Curves of maximum eclipse and constant eclipse magnitude are plotted and labeled at intervals of 30 min and 0.2 magnitudes, respectively. A linear scale is included for estimating approximate distances (in kilometers). Within the northern and southern limits of the path of totality, the outline of the umbral shadow is plotted at intervals of 5 min or 10 min. The duration of totality (minutes and seconds) and the Sun's altitude correspond to the local circumstances on the central line at each shadow position.

1.6 Detailed Maps of the Umbral Path

The path of totality is plotted on a series of detailed maps appearing in Figures 4 to 6 and 8 to 15. The maps were chosen to isolate small regions along the entire land portion of the eclipse path. Curves of maximum eclipse are plotted at 5 min intervals along the track and labeled with the central line duration of totality and the Sun's altitude. The maps are constructed from the Digital Chart of the World (DCW), a digital database of the world developed by the U.S. Defense Mapping Agency (DMA). The primary sources of information for the geographic database are the Operational Navigation Charts (ONC) and the Jet Navigation Charts (JNC) developed by the DMA.

The scale of the detailed maps varies from map to map depending partly on the population density and accessibility. The approximate scale of each map is as follows:

Figures 4 to 6	1:6,000,000
Figure 8	1:5,600,000
Figures 9 to 15	1:5,000,000

The scale of the maps is adequate for showing the roads, villages, and cities required for eclipse expedition planning. The DCW database used for the maps was developed in the 1980s and contains place names in use during that period.

Whenever possible, current names have been substituted for those in the database, but this correction has not been applied in all instances.

While Tables 1 to 6 deal with eclipse elements and specific characteristics of the path, the northern and southern limits, as well as the central line of the path, are plotted using data from Table 7. Although no corrections have been made for center of figure or lunar limb profile, they have little or no effect at this scale. Atmospheric refraction has not been included, as it plays a significant role only at very low solar altitudes. The primary effect of refraction is to shift the path opposite to that of the Sun's local azimuth. This amounts to approximately 0.5° at the extreme ends, i.e., sunrise and sunset, of the umbral path. In any case, refraction corrections to the path are uncertain because they depend on the atmospheric temperature-pressure profile, which cannot be predicted in advance. A special feature of the maps are the curves of constant umbral eclipse duration, i.e., totality, which are plotted within the path at 1/2 min increments. These curves permit fast determination of approximate durations without consulting any tables.

No distinction is made between major highways and second-class soft-surface roads, so caution should be used in this regard. If observations from the graze zones are planned, then the zones of grazing eclipse must be plotted on higher scale maps using coordinates in Table 8. See Sect. 3.6 "Plotting the Path on Maps" for sources and more information. The paths also show the curves of maximum eclipse at 5 min increments in Universal Time. These maps are also available at the NASA Web site for the 2008 total solar eclipse: http://sunearth.gsfc.nasa.gov/eclipse/SEmono/TSE2008/TSE2008.html.

1.7 Elements, Shadow Contacts, and Eclipse Path Tables

The geocentric ephemeris for the Sun and Moon, various parameters, constants, and the Besselian elements (polynomial form) are given in Table 1. The eclipse elements and predictions were derived from the DE200 and LE200 ephemerides (solar and lunar, respectively) developed jointly by the Jet Propulsion Laboratory and the U.S. Naval Observatory for use in the *Astronomical Almanac* beginning in 1984. Unless otherwise stated, all predictions are based on center of mass positions for the Moon and Sun with no corrections made for center of figure, lunar limb profile, or atmospheric refraction. The predictions depart from normal International Astronomical Union (IAU) convention through the use of a smaller constant for the mean lunar radius k for all umbral contacts (see Sect. 1.11 "Lunar Limb Profile"). Times are expressed in either Terrestrial Dynamical Time (TDT) or in Universal Time, where the best value of ΔT (the difference between Terrestrial Dynamical Time and Universal Time), available at the time of preparation, is used.

The Besselian elements are used to predict all aspects and circumstances of a solar eclipse. The simplified geometry introduced by Bessel in 1824 transforms the orbital motions of the Sun and Moon into the position, motion, and size of the Moon's penumbral and umbral shadows with respect to a plane passing through Earth. This fundamental plane is constructed in an X-Y rectangular coordinate system with its origin at Earth's center. The axes are oriented with north in the positive Y direction and east in the positive X direction. The Z axis is perpendicular to the fundamental plane and parallel to the shadow axis.

The x and y coordinates of the shadow axis are expressed in units of the equatorial radius of Earth. The radii of the penumbral and umbral shadows on the fundamental plane are l_1 and l_2, respectively. The direction of the shadow axis on the celestial sphere is defined by its declination d and ephemeris hour angle μ. Finally, the angles that the penumbral and umbral shadow cones make with the shadow axis are expressed as f_1 and f_2, respectively. The details of actual eclipse calculations can be found in the *Explanatory Supplement* (Her Majesty's Nautical Almanac Office 1974) and *Elements of Solar Eclipses* (Meeus 1989).

From the polynomial form of the Besselian elements, any element can be evaluated for any time t_1 (in decimal hours) during the eclipse via the equation

$$a = a_0 + a_1 t + a_2 t^2 + a_3 t^3 \quad (1)$$

$$(\text{or } a = \sum [a_n t^n]; n = 0 \text{ to } 3),$$

where $a = x, y, d, l_1, l_2,$ or μ; and $t = t_1 - t_0$ (decimal hours) and $t_0 = 10.00$ TDT.

The polynomial Besselian elements were derived from a least-squares fit to elements rigorously calculated at five separate times over a 6 h period centered at t_0; thus, the equation and elements are valid over the period $7.0 \leq t_1 \leq 13.0$ TDT.

Table 2 lists all external and internal contacts of penumbral and umbral shadows with Earth. They include TDT and geodetic coordinates with and without corrections for ΔT. The contacts are defined:

P1—Instant of first external tangency of penumbral shadow cone with Earth's limb (partial eclipse begins).

P4—Instant of last external tangency of penumbral shadow cone with Earth's limb (partial eclipse ends).

U1—Instant of first external tangency of umbral shadow cone with Earth's limb (total eclipse begins).

U2—Instant of first internal tangency of umbral shadow cone with Earth's limb.

U3—Instant of last internal tangency of umbral shadow cone with Earth's limb.

U4—Instant of last external tangency of umbral shadow cone with Earth's limb (total eclipse ends).

Similarly, the northern and southern extremes of the penumbral and umbral paths, and extreme limits of the umbral central line are given. The IAU longitude convention is used throughout this publication (i.e., for longitude, east is positive and west is negative; for latitude, north is positive and south is negative).

The path of the umbral shadow is delineated at 3 min intervals (in Universal Time) in Table 3. Coordinates of the northern limit, the southern limit, and the central line are listed to the nearest tenth of an arc minute (~185 m at the equator). The Sun's altitude, path width, and umbral duration are calculated for the central line position. Table 4 presents a physical ephemeris for the umbral shadow at 3 min intervals in Universal Time. The central line coordinates are followed by the topocentric ratio of the apparent diameters of the Moon and Sun, the eclipse obscuration (defined as the fraction of the Sun's surface area occulted by the Moon), and the Sun's altitude and azimuth at that instant. The central path width, the umbral shadow's major and minor axes, and its instantaneous velocity with respect to Earth's surface are included. Finally, the central line duration of the umbral phase is given.

Local circumstances for each central line position, listed in Tables 3 and 4, are presented in Table 5. The first three columns give the Universal Time of maximum eclipse, the central line duration of totality, and the altitude of the Sun at that instant. The following columns list each of the four eclipse contact times followed by their related contact position angles and the corresponding altitude of the Sun. The four contacts identify significant stages in the progress of the eclipse. They are defined as follows:

First Contact: Instant of first external tangency between the Moon and Sun (partial eclipse begins).
Second Contact: Instant of first internal tangency between the Moon and Sun (total eclipse begins).
Third Contact: Instant of last internal tangency between the Moon and Sun (total eclipse ends).
Fourth Contact: Instant of last external tangency between the Moon and Sun (partial eclipse ends).

The position angles **P** and **V** (where **P** is defined as the contact angle measured counterclockwise from the equatorial *north* point of the Sun's disk and **V** is defined as the contact angle measured counterclockwise from the local *zenith* point of the Sun's disk) identify the point along the Sun's disk where each contact occurs. Second and third contact altitudes are omitted because they are always within 1° of the altitude at maximum eclipse.

Table 6 presents topocentric values from the central path at maximum eclipse for the Moon's horizontal parallax, semi-diameter, relative angular velocity with respect to the Sun, and libration in longitude. The altitude and azimuth of the Sun are given along with the azimuth of the umbral path. The northern limit position angle identifies the point on the lunar disk defining the umbral path's northern limit. It is measured counterclockwise from the equatorial north point of the Moon. In addition, corrections to the path limits due to the lunar limb profile are listed (minutes of arc in latitude). The irregular profile of the Moon results in a zone of "grazing eclipse" at each limit, which is delineated by interior and exterior contacts of lunar features with the Sun's limb. This geometry is described in greater detail in the Sect. 1.12 "Limb Corrections to the Path Limits: Graze Zones." Corrections to central line durations due to the lunar limb profile are also included. When added to the durations in Tables 3, 4, 5, and 7, a slightly shorter central total phase is predicted along most of the path because of several deep valleys along the Moon's western limb.

To aid and assist in the plotting of the umbral path on large scale maps, the path coordinates are also tabulated at 1° intervals in longitude in Table 7. The latitude of the northern limit, southern limit, and central line for each longitude is tabulated to the nearest hundredth of an arc minute (~18.5 m at the Equator) along with the Universal Time of maximum eclipse at the central line position. Finally, local circumstances on the central line at maximum eclipse are listed and include the Sun's altitude and azimuth, the umbral path width, and the central duration of totality.

In applications where the zones of grazing eclipse are needed in greater detail, Table 8 lists these coordinates over land-based portions of the path at 1° intervals in longitude. The time of maximum eclipse is given at both northern and southern limits, as well as the path's azimuth. The elevation and scale factors are also given (see Sect. 1.11 "Limb Corrections to the Path Limits: Graze Zones"). Expanded versions of Tables 7 and 8 using longitude steps of 7.5′ are available at the NASA 2008 Total Solar Eclipse Web site: http://sunearth.gsfc.nasa.gov/eclipse/SEmono/TSE2008/TSE2008.html.

1.8 Local Circumstances Tables

Local circumstances for 308 cities; metropolitan areas; and places in Canada, Europe, the Middle East, and Asia are presented in Tables 9 to 16. The tables give the local circumstances at each contact and at maximum eclipse for every location. (For partial eclipses, maximum eclipse is the instant when the greatest fraction of the Sun's diameter is occulted. For total eclipses, maximum eclipse is the instant of mid-totality.) The coordinates are listed along with the location's elevation (in meters) above sea level, if known. If the elevation is unknown (i.e., not in the database), then the local circumstances for that location are calculated at sea level. The elevation does not play a significant role in the predictions unless the location is near the umbral path limits or the Sun's altitude is relatively small (<10°).

The Universal Time of each contact is given to a tenth of a second, along with position angles **P** and **V** and the altitude of the Sun. The position angles identify the point along the Sun's disk where each contact occurs and are measured counterclockwise (i.e., eastward) from the north and zenith points, respectively. Locations outside the umbral path miss the umbral eclipse and only witness first and fourth contacts. The Universal Time of maximum eclipse (either partial or total) is listed to a tenth of a second. Next, the position angles P and V of the Moon's disk with respect to the Sun are given, followed by the altitude and azimuth of the Sun at maximum eclipse. Finally, the corresponding eclipse magnitude and obscuration are listed. For umbral eclipses (both annular and total), the eclipse magnitude is identical to the topocentric ratio of the Moon's and Sun's apparent diameters.

Two additional columns are included if the location lies within the path of the Moon's umbral shadow. The "umbral depth" is a relative measure of a location's position with respect to the central line and path limits. It is a unitless parameter, which is defined as

$$u = 1 - (2\, x/W), \qquad (2)$$

where:
- u is the umbral depth,
- x is the perpendicular distance from the central line in kilometers, and
- W is the width of the path in kilometers.

The umbral depth for a location varies from 0.0 to 1.0. A position at the path limits corresponds to a value of 0.0, while a position on the central line has a value of 1.0. The parameter can be used to quickly determine the corresponding central line duration; thus, it is a useful tool for evaluating the trade-off in duration of a location's position relative to the central line. Using the location's duration and umbral depth, the central line duration is calculated as

$$D = d/[1 - (1 - u)^2]^{1/2}, \qquad (3)$$

where:
- D is the duration of totality on the central line (in seconds),
- d is the duration of totality at location (in seconds), and
- u is the umbral depth.

The final column gives the duration of totality. The effects of refraction have not been included in these calculations, nor have there been any corrections for center of figure or the lunar limb profile.

Locations were chosen based on general geographic distribution, population, and proximity to the path. The primary source for geographic coordinates is *The New International Atlas* (Rand McNally 1991). Elevations for major cities were taken from *Climates of the World* (U.S. Dept. of Commerce, 1972). In this rapidly changing political world, it is often difficult to ascertain the correct name or spelling for a given location; therefore, the information presented here is for location purposes only and is not meant to be authoritative. Furthermore, it does not imply recognition of status of any location by the United States Government. Corrections to names, spellings, coordinates, and elevations should be forwarded to the authors in order to update the geographic database for future eclipse predictions.

For countries in the path of totality, expanded versions of the local circumstances tables listing additional locations are available via the NASA Web site for the 2008 total solar eclipse: http://sunearth.gsfc.nasa.gov/eclipse/SEmono/TSE2008/TSE2008.html.

1.9 Estimating Times of Second and Third Contacts

The times of second and third contact for any location not listed in this publication can be estimated using the detailed maps (Figures 4 to 15). Alternatively, the contact times can be estimated from maps on which the umbral path has been plotted. Table 7 lists the path coordinates conveniently arranged in 1° increments of longitude to assist plotting by hand. The path coordinates in Table 3 define a line of maximum eclipse at 3 min increments in time. These lines of maximum eclipse each represent the projection diameter of the umbral shadow at the given time; thus, any point on one of these lines will witness maximum eclipse (i.e., mid-totality) at the same instant. The coordinates in Table 3 should be plotted on the map in order to construct lines of maximum eclipse.

The estimation of contact times for any one point begins with an interpolation for the time of maximum eclipse at that location. The time of maximum eclipse is proportional to a point's distance between two adjacent lines of maximum eclipse, measured along a line parallel to the central line. This relationship is valid along most of the path with the exception of the extreme ends, where the shadow experiences its largest acceleration. The central line duration of totality D and the path width W are similarly interpolated from the values of the adjacent lines of maximum eclipse as listed in Table 3. Because the location of interest probably does not lie on the central line, it is useful to have an expression for calculating the duration of totality d (in seconds) as a function of its perpendicular distance a from the central line:

$$d = D(1 - [2a/W]^2)^{1/2}, \qquad (4)$$

where:
- d is the duration of totality at location (in seconds),
- D is the duration of totality on the central line (in seconds),
- a is the perpendicular distance from the central line (in kilometers), and
- W is the width of the path (kilometers).

If t_m is the interpolated time of maximum eclipse for the location, then the approximate times of second and third contacts (t_2 and t_3, respectively) follow:

Second Contact: $\quad t_2 = t_m - d/2;$ \quad (5)
Third Contact: $\quad t_3 = t_m + d/2.$ \quad (6)

The position angles of second and third contact (either **P** or **V**) for any location off the central line are also useful in some applications. First, linearly interpolate the central line position angles of second and third contacts from the values of the adjacent lines of maximum eclipse as listed in Table 5. If X_2 and X_3 are the interpolated central line position angles of second and third contacts, then the position angles x_2 and x_3 of those contacts for an observer located a kilometers from the central line are

Second Contact: $\quad x_2 = X_2 - \arcsin(2a/W),$ \quad (7)
Third Contact: $\quad x_3 = X_3 + \arcsin(2a/W),$ \quad (8)

where:
- x_n is the interpolated position angle (either **P** or **V**) of contact n at location,
- X_n is the interpolated position angle (either **P** or **V**) of contact n on central line,
- a is the perpendicular distance from the central line in kilometers (use negative values for locations south of the central line), and
- W is the width of the path in kilometers.

1.10 Mean Lunar Radius

A fundamental parameter used in eclipse predictions is the Moon's radius k, expressed in units of Earth's equatorial radius. The Moon's actual radius varies as a function of position angle and libration because of the irregularity in the limb profile. From 1968 to 1980, the Nautical Almanac Office used two separate values for k in their predictions. The larger value (k=0.2724880), representing a mean over topographic features, was used for all penumbral (exterior) contacts and for annular eclipses. A smaller value (k=0.272281), representing a mean minimum radius, was reserved exclusively for umbral (interior) contact calculations of total eclipses (*Explanatory Supplement*, Her Majesty's Nautical Almanac Office, 1974). Unfortunately, the use of two different values of k for umbral eclipses introduces a discontinuity in the case of hybrid (annular-total) eclipses.

In 1982, the IAU General Assembly adopted a value of k=0.2725076 for the mean lunar radius. This value is now used by the Nautical Almanac Office for all solar eclipse predictions (Fiala and Lukac 1983) and is currently accepted as the best mean radius, averaging mountain peaks and low valleys along the Moon's rugged limb. The adoption of one single value for k eliminates the discontinuity in the case of hybrid eclipses and ends confusion arising from the use of two different values; however, the use of even the "best" mean value for the Moon's radius introduces a problem in predicting the true character and duration of umbral eclipses, particularly total eclipses.

During a total eclipse, the Sun's disk is completely occulted by the Moon. This cannot occur so long as any photospheric rays are visible through deep valleys along the Moon's limb (Meeus et al. 1966). The use of the IAU's mean k, however, guarantees that some annular or hybrid eclipses will be misidentified as total. A case in point is the eclipse of 1986 October 03. Using the IAU value for k, the *Astronomical Almanac* identified this event as a total eclipse of 3 s duration when it was, in fact, a beaded annular eclipse. Because a smaller value of k is more representative of the deeper lunar valleys and hence, the minimum solid disk radius, it helps ensure an eclipse's correct classification.

Of primary interest to most observers are the times when an umbral eclipse begins and ends (second and third contacts, respectively) and the duration of the umbral phase. When the IAU's value for k is used to calculate these times, they must be corrected to accommodate low valleys (total) or high mountains (annular) along the Moon's limb. The calculation of these corrections is not trivial but is necessary, especially if one plans to observe near the path limits (Herald 1983). For observers near the central line of a total eclipse, the limb corrections can be more closely approximated by using a smaller value of k, which accounts for the valleys along the profile.

This publication uses the IAU's accepted value of k=0.2725076 for all penumbral (exterior) contacts. In order to avoid eclipse type misidentification and to predict central durations, which are closer to the actual durations at total eclipses, this document departs from standard convention by adopting the smaller value of k=0.272281 for all umbral (interior) contacts. This is consistent with predictions in *Fifty Year Canon of Solar Eclipses: 1986–2035* (Espenak 1987) and *Five Millennium Canon of Solar Eclipses: -1999–3000* (Espenak and Meeus 2006). Consequently, the smaller k value produces shorter umbral durations and narrower paths for total eclipses when compared with calculations using the IAU value for k. Similarly, predictions using a smaller k value results in longer umbral durations and wider paths for annular eclipses than do predictions using the IAU's k value.

1.11 Lunar Limb Profile

Eclipse contact times, magnitude, and duration of totality all depend on the angular diameters and relative velocities of the Moon and Sun. Unfortunately, these calculations are limited in accuracy by the departure of the Moon's limb from a perfectly circular figure. The Moon's surface exhibits a dramatic topography, which manifests itself as an irregular limb when seen in profile. Most eclipse calculations assume some mean radius that averages high mountain peaks and low valleys along the Moon's rugged limb. Such an approximation is acceptable for many applications, but when higher accuracy is needed the Moon's actual limb profile must be considered. Fortunately, an extensive body of knowledge exists on this subject in the form of Watts's limb charts (Watts 1963). These data are the product of a photographic survey of the marginal zone of the Moon and give limb profile heights with respect to an adopted smooth reference surface (or datum).

Analyses of lunar occultations of stars by Van Flandern (1970) and Morrison (1979) have shown that the average cross section of Watts's datum is slightly elliptical rather than circular. Furthermore, the implicit center of the datum (i.e., the center of figure) is displaced from the Moon's center of mass.

In a follow-up analysis of 66,000 occultations, Morrison and Appleby (1981) found that the radius of the datum appears to vary with libration. These variations produce systematic errors in Watts's original limb profile heights that attain 0.4 arcsec at some position angles, thus, corrections to Watts's limb data are necessary to ensure that the reference datum is a sphere with its center at the center of mass.

The Watts charts were digitized by Her Majesty's Nautical Almanac Office in Herstmonceux, England, and transformed to grid-profile format at the U.S. Naval Observatory. In this computer readable form, the Watts limb charts lend themselves to the generation of limb profiles for any lunar libration. Ellipticity and libration corrections may be applied to refer the profile to the Moon's center of mass. Such a profile can then be used to correct eclipse predictions, which have been generated using a mean lunar limb.

Along the 2008 eclipse path, the Moon's topocentric libration (physical plus optical) in longitude ranges from l=+4.6° to l=+3.6°; thus, a limb profile with the appropriate libration is required in any detailed analysis of contact times, central durations, etc. A profile with an intermediate value, however, is useful for planning purposes and may even be adequate for most applications. The lunar limb profile presented in Figure 16 includes corrections for center of mass and ellipticity

(Morrison and Appleby 1981). It is generated for 11:00 UT, which corresponds to northern China near Altay. The Moon's topocentric libration is $l=+3.80°$, and the topocentric semi-diameters of the Sun and Moon are 945.5 and 980.2 arcsec, respectively. The Moon's angular velocity with respect to the Sun is 0.539 arcsec/s.

The radial scale of the limb profile in Figure 16 (at bottom) is greatly exaggerated so that the true limb's departure from the mean lunar limb is readily apparent. The mean limb with respect to the center of figure of Watts's original data is shown (dashed curve) along with the mean limb with respect to the center of mass (solid curve). Note that all the predictions presented in this publication are calculated with respect to the latter limb unless otherwise noted. Position angles of various lunar features can be read using the protractor marks along the Moon's mean limb (center of mass). The position angles of second and third contact are clearly marked as are the north pole of the Moon's axis of rotation and the observer's zenith at mid-totality. The dashed line with arrows at either end identifies the contact points on the limb corresponding to the northern and southern limits of the path. To the upper left of the profile, are the Sun's topocentric coordinates at maximum eclipse. They include the right ascension (*R.A.*), declination (*Dec.*), semi-diameter (*S.D.*), and horizontal parallax (*H.P.*) The corresponding topocentric coordinates for the Moon are to the upper right. Below and left of the profile are the geographic coordinates of the central line at 11:00 UT, while the times of the four eclipse contacts at that location appear to the lower right. The limb-corrected times of second and third contacts are listed with the applied correction to the center of mass prediction.

Directly below the limb profile are the local circumstances at maximum eclipse. They include the Sun's altitude and azimuth, the path width, and central duration. The position angle of the path's northern to southern limit axis is *PA(N.Limit)* and the angular velocity of the Moon with respect to the Sun is *A.Vel.(M:S)*. At the bottom left are a number of parameters used in the predictions, and the topocentric lunar librations appear at the lower right.

In investigations where accurate contact times are needed, the lunar limb profile can be used to correct the nominal or mean limb predictions. For any given position angle, there will be a high mountain (annular eclipses) or a low valley (total eclipses) in the vicinity that ultimately determines the true instant of contact. The difference, in time, between the Sun's position when tangent to the contact point on the mean limb and tangent to the highest mountain (annular) or lowest valley (total) at actual contact is the desired correction to the predicted contact time. On the exaggerated radial scale of Figure 16, the Sun's limb can be represented as an epicyclic curve that is tangent to the mean lunar limb at the point of contact and departs from the limb by h through

$$h = S(m-1)(1-\cos[C]), \qquad (9)$$

where:
  h is the departure of Sun's limb from mean lunar limb,
  S is the Sun's semi-diameter,
  m is the eclipse magnitude, and
  C is the angle from the point of contact.

Herald (1983) takes advantage of this geometry in developing a graphic procedure for estimating correction times over a range of position angles. Briefly, a displacement curve of the Sun's limb is constructed on a transparent overlay by way of equation (9). For a given position angle, the solar limb overlay is moved radially from the mean lunar limb contact point until it is tangent to the lowest lunar profile feature in the vicinity. The solar limb's distance **d** (arc seconds) from the mean lunar limb is then converted to a time correction Δ by

$$\Delta = dv \cos[X - C], \qquad (10)$$

where:
  Δ is the correction to contact time (in seconds),
  d is the distance of solar limb from Moon's mean limb (in arc seconds),
  v is the angular velocity of the Moon with respect to the Sun (arc seconds per second),
  X is the central line position angle of the contact, and
  C is the angle from the point of contact.

This operation may be used for predicting the formation and location of Baily's beads. When calculations are performed over a large range of position angles, a contact time correction curve can then be constructed.

Because the limb profile data are available in digital form, an analytical solution to the problem is possible that is quite straightforward and robust. Curves of corrections to the times of second and third contact for most position angles have been computer generated and are plotted in Figure 16. The circular protractor scale at the center represents the nominal contact time using a mean lunar limb. The departure of the contact correction curves from this scale graphically illustrates the time correction to the mean predictions for any position angle as a result of the Moon's true limb profile. Time corrections external to the circular scale are added to the mean contact time; time corrections internal to the protractor are subtracted from the mean contact time. The magnitude of the time correction at a given position angle is measured using any of the four radial scales plotted at each cardinal point. For example, Table 16 gives the following data for Yiwi, China:

  Second Contact = 11:08:09.6 UT $P_2 = 129°$, and
  Third Contact = 11:10:05.7 UT $P_3 = 286°$.

Using Figure 16, the measured time corrections and the resulting contact times are

$C_2 = -1.2$ s;
  Second Contact = 11:08:09.6 −1.2 s = 11:08:08.4 UT, and

$C_3 = -1.1$ s;
  Third Contact = 11:10:05.7 −1.1 s = 11:10:04.6 UT.

The above corrected values are within 0.2 s of a rigorous calculation using the true limb profile.

1.12 Limb Corrections to the Path Limits: Graze Zones

The northern and southern umbral limits provided in this publication were derived using the Moon's center of mass and a mean lunar radius. They have not been corrected for the Moon's center of figure or the effects of the lunar limb profile. In applications where precise limits are required, Watts's limb data must be used to correct the nominal or mean path. Unfortunately, a single correction at each limit is not possible because the Moon's libration in longitude and the contact points of the limits along the Moon's limb each vary as a function of time and position along the umbral path. This makes it necessary to calculate a unique correction to the limits at each point along the path. Furthermore, the northern and southern limits of the umbral path are actually paralleled by a relatively narrow zone where the eclipse is neither penumbral nor umbral. An observer positioned here will witness a slender solar crescent that is fragmented into a series of bright beads and short segments whose morphology changes quickly with the rapidly varying geometry between the limbs of the Moon and the Sun. These beading phenomena are caused by the appearance of photospheric rays that alternately pass through deep lunar valleys and hide behind high mountain peaks, as the Moon's irregular limb grazes the edge of the Sun's disk. The geometry is directly analogous to the case of grazing occultations of stars by the Moon. The graze zone is typically 5–10 km wide and its interior and exterior boundaries can be predicted using the lunar limb profile. The interior boundaries define the actual limits of the umbral eclipse (both total and annular) while the exterior boundaries set the outer limits of the grazing eclipse zone.

Table 6 provides topocentric data and corrections to the path limits due to the true lunar limb profile. At 3 min intervals, the table lists the Moon's topocentric horizontal parallax, semi-diameter, relative angular velocity with respect to the Sun, and lunar libration in longitude. The Sun's central line altitude and azimuth is given, followed by the azimuth of the umbral path. The position angle of the point on the Moon's limb, which defines the northern limit of the path, is measured counterclockwise (i.e., eastward) from the equatorial north point on the limb. The path corrections to the northern and southern limits are listed as interior and exterior components in order to define the graze zone. Positive corrections are in the northern sense, while negative shifts are in the southern sense. These corrections (minutes of arc in latitude) may be added directly to the path coordinates listed in Table 3. Corrections to the central line umbral durations due to the lunar limb profile are also included and they are almost all positive; thus, when added to the central durations given in Tables 3, 4, 5, and 7, a slightly shorter central total phase is predicted. This effect is caused by a significant departure of the Moon's eastern limb from both the center of figure and center of mass limbs and to several deep valleys along the Moon's western limb for the predicted libration during the 2008 eclipse.

Detailed coordinates for the zones of grazing eclipse at each limit for all land-based sections of the path are presented in Table 8. Given the uncertainties in the Watts data, these predictions should be accurate to ±0.3 arcsec. (The interior graze coordinates take into account the deepest valleys along the Moon's limb, which produce the simultaneous second and third contacts at the path limits; thus, the interior coordinates that define the true edge of the path of totality.) They are calculated from an algorithm that searches the path limits for the extreme positions where no photospheric beads are visible along a ±30° segment of the Moon's limb, symmetric about the extreme contact points at the instant of maximum eclipse. The exterior graze coordinates are arbitrarily defined and calculated for the geodetic positions where an unbroken photospheric crescent of 60° in angular extent is visible at maximum eclipse.

In Table 8, the graze zone latitudes are listed every 1° in longitude (at sea level) and include the time of maximum eclipse at the northern and southern limits, as well as the path's azimuth. To correct the path for locations above sea level, *Elev Fact* (elevation factor) is a multiplicative factor by which the path must be shifted north or south perpendicular to itself, i.e., perpendicular to path azimuth, for each unit of elevation (height) above sea level.

The elevation factor is the product, $\tan(90-A) \times \sin(D)$, where A is the altitude of the Sun, and D is the difference between the azimuth of the Sun and the azimuth of the limit line, with the sign selected to be positive if the path should be shifted north with positive elevations above sea level. To calculate the shift, a location's elevation is multiplied by the elevation factor value. Negative values (usually the case for eclipses in the Northern Hemisphere) indicate that the path must be shifted south. For instance, if one's elevation is 1000 m above sea level and the elevation factor value is −0.50, then the shift is −500 m (= 1000 m × −0.50); thus, the observer must shift the path coordinates 500 m in a direction perpendicular to the path and in a negative or southerly sense.

The final column of Table 8 lists the *Scale Fact* (in kilometers per arc second). This scaling factor provides an indication of the width of the zone of grazing phenomena, because of the topocentric distance of the Moon and the projection geometry of the Moon's shadow on Earth's surface. Because the solar chromosphere has an apparent thickness of about 3 arcsec, and assuming a scaling factor value of 3.5 km/arcsec, then the chromosphere should be visible continuously during totality for any observer in the path who is within 10.5 km (=3.5 × 3) of each interior limit. The most dynamic beading phenomena, however, occurs within 1.5 arcsec of the Moon's limb. Using the above scaling factor, this translates to the first 5.25 km inside the interior limits, but observers should position themselves at least 1 km inside the interior limits (south of the northern interior limit or north of the southern interior limit) in order to ensure that they are inside the path because of small uncertainties in Watts's data and the actual path limits.

For applications where the zones of grazing eclipse are needed at a higher frequency of longitude interval, tables of coordinates every 7.5′ in longitude are available via the NASA Web site for the 2008 total solar eclipse: http://sunearth.gsfc.nasa.gov/eclipse/SEmono/TSE2008/TSE2008.html.

1.13 Saros History

The periodicity and recurrence of solar (and lunar) eclipses is governed by the Saros cycle, a period of approximately 6,585.3 d (18 yr 11 d 8 h). When two eclipses are separated by a period of one Saros, they share a very similar geometry. The eclipses occur at the same node with the Moon at nearly the same distance from Earth and at the same time of year, thus, the Saros is useful for organizing eclipses into families or series. Each series typically lasts 12 or 13 centuries and contains 70 or more eclipses.

The total eclipse of 2008 is the 47th member of Saros series 126 (Table 17), as defined by van den Bergh (1955). All eclipses in an even numbered Saros series occur at the Moon's descending node and the Moon moves northward with each succeeding member in the family (i.e., gamma increases). Saros 126 is a senior-aged series that began with a small partial eclipse at high southern latitudes on 1179 Mar 10. After eight partial eclipses, each of increasing magnitude, the first umbral eclipse occurred on 1323 Jun 04. This event was a central annular eclipse with no southern limit (Espenak and Meeus, 2006).

For the next five centuries, the series produced 27 more annular eclipses. On 1828 Apr 14, the first hybrid or annular total eclipse occurred. The nature of such an eclipse changes from annular to total or vice versa along different portions of the track. The dual nature arises from the curvature of Earth's surface, which brings the middle part of the path into the umbra (total eclipse) while other, more distant segments remain within the antumbral shadow (annular eclipse).

Such hybrid eclipses are rather rare and account for only 4.8% of the 11,898 solar eclipses occurring during the five millennium period from –1999 to +3000 (Espenak and Meeus, 2006). The next two eclipses of Saros 126 were also hybrid with a steadily increasing duration of totality at greatest eclipse. The first purely total eclipse of the series occurred on 1882 May 17 and had a maximum duration of 1 min 50 s.

Throughout of the 20th century, Saros 126 continued to produce total eclipses. The maximum central duration gradually increased with each event until the peak duration of 2 min 36 s was reached on 1972 Jul 10. The duration of the following total eclipse on 1990 Jul 22 was 2 min 33 s. This decrease in duration was due to the large value of gamma (0.7595) which produced a high latitude eclipse track along the northern coast of Siberia (Espenak 1989).

Because the 2008 eclipse has an even larger value of gamma (0.8306), its path sweeps over higher latitudes resulting in a shorter duration of 2 min 27 s. With just two more total eclipses left in Saros 126 (2026 and 2044), the series becomes partial again with the eclipse of 2062 Sep 03. Four more centuries of partial eclipses occur before the series terminates with the partial eclipse of 2459 May 03.

In summary, Saros series 126 includes 72 eclipses. It begins with 8 partials, followed by 28 annulars, 3 hybrids, and 10 totals. It ends with a long string of 23 partial eclipses. From start to finish, the series spans a period of 1280 years.

2. Weather Prospects for the Eclipse

2.1 Overview

For most eclipses, weather prospects offer several choices. For instance, the previous total eclipse in 2006 had a very promising climatology in Saharan Africa, Egypt, and southern Turkey. The 2008 eclipse is more limiting in that the weather tends to be rather dismal along the majority of the track, even though the August 1 date comes at the peak of summer and summer sunshine. It is not until the path reaches southern Russia and northern China that the prospects for sunshine rise to values comparable to the 2006 total eclipse.

China, near the cities of Hami and Jiuquan, has the best prospects (over 70%) while southern Siberia, between Novosibirsk and the Mongolian border, offers about a 60% probability of success. Other locations tempt for their stunning scenery or travel off the beaten path, but eclipse-seekers in these areas will have to compromise with poorer weather prospects.

2.2 The Canadian Archipelago

On August 1, temperatures in the Canadian Arctic have just passed their annual peak. The polar ice pack is retreating rapidly under the onslaught of continuous daylight, headed for its minimum in mid-September. Over southern and central parts of the archipelago, snow cover has melted away from the land and at Alert, the world's most northerly settlement, has declined to barely a centimeter in depth. It is not a snow-free world however, as all Arctic settlements along the eclipse track can experience snowstorms in July and August—storms that can drop as much as 20 cm of fresh snow.

Cyclonic weather systems (lows) tend to frequent the lower latitudes of the Canadian islands, being more common along the north coast of the mainland near Cambridge Bay than farther north at Resolute, Grise Fiord, and Alert. The impact of these systems on cloudiness is rather muted as skies tend to be gray whether or not a cyclonic disturbance is in the vicinity. At Cambridge Bay, the frequency of days with heavy cloud (8–10 tenths) is 70% and at Resolute, 77%. A significant part of this cloudiness comes in the form of fog, which occurs across the archipelago with a frequency of between 20 and 30% in August.

The low-level cloudiness and fog are a consequence of the cooling of summer air masses as they pass over the cold Arctic Ocean waters, and suggests that conditions inland record greater amounts of sunshine than those at the coast. Satellite images for the region, however, usually show that the cloud cover simply blots out the landscape according to the weather of the day. Nevertheless, there is probably a small reward in moving inland a few kilometers in order to maximize the climatological probability of sunshine.

From a global perspective, cloud cover decreases southward, and so Cambridge Bay, close to where the eclipse begins, should be more inclined to a sunny day than any of the few stations farther north. This is seen quite dramatically in Figure 17, which shows the mean cloud cover along the central line as measured from polar-orbiting and geostationary satellites. The eclipse track near Cambridge Bay has a mean cloudiness of slightly below 65% compared to values in the mid–and upper 70s for Resolute and Alert. This Cambridge Bay advantage, however, has a meager reflection in the observations of cloudiness from the surface (Table 18).

Hourly records of sunshine—probably the best indication of the prospects of seeing the eclipse—show only a small variation across the Canadian Arctic. At Alert and Cambridge Bay, the percent of possible sunshine is close to 33%; at Resolute, it is only 22% (Table 18). As all of these means are for the month of August, it seems sensible to take an average of July and August to arrive at a more representative value for eclipse day. After making this adjustment, the percent of possible sunshine rises to 40, 31, and 36% for Cambridge Bay, Resolute, and Alert, respectively.

The low altitude of the Sun over the Canadian Arctic is attractive for those who want to escape the endemic cloudiness by viewing from an airplane. The high frequency of low cloud is an advantage here, as the cloud top is more likely to be accessible to small aircraft with a limited ceiling. The low cloudiness—particularly the frequency of fog—has a downside, however, as Arctic flight schedules are notorious for being interrupted, sometimes for days on end, by poor visibilities in fog or occasional snowstorms. No seasoned traveler would visit the Canadian archipelago without leaving a few days leeway for bad weather on either side of scheduled events. Once again, Cambridge Bay has all the advantage here: the August climatological record shows a frequency of 9.5 with visibility less than 1 km compared to more than 73 at Resolute.

2.3 Northern Greenland

While cloud cover and weather statistics for northern Canada are only just sufficient to make an informed decision about a viewing site, those along the portion of the eclipse track from the north coast of Greenland to Spitsbergen Island are completely inadequate. Only a few expeditions have visited the region and satellite images are complicated by observational biases and poor viewing angles. Geostationary satellites cannot see much farther north than about 65° latitude, while polar-orbiting satellite observations are complicated by snow and ice fields that make the automatic identification of cloud difficult.

The Greenland ice cap has a high frequency of sunny skies because of an altitude that places it above the moist lower layers of the atmosphere. When air flows outward from the icy plateau, it is warmed by compression on its downhill journey to the ocean, and arrives at sea level with clear skies and (frequently) violent winds. An icebreaker offshore might be able to tap into one of these katabatic flows, as happened for the 2003 eclipse in Antarctica.

The satellite record represented in Figure 17 suggests that average cloud cover increases along the track from 80% near Alert, to 95% near Spitsbergen Island, in general agreement with other databases that have been compiled by expeditions over the years. The cloud cover is not particularly forgiving, as it tends to be opaque and relatively devoid of openings. There are no permanent surface observing sites in northern Greenland, though some automatic stations do provide temperature data from the ice cap.

2.4 Spitsbergen Island to the Russian Coast

The eclipse passes between the islands of Svalbard and Franz Josef Land, touching each one of these archipelagos only on the shadow's northern and southern limits, respectively. This region is much cloudier than Canada's Arctic islands, with mean cloud amounts that exceed 90% (Figure 17). Early explorers commented on the unending grayness of the region, which, unlike the more ice-bound regions above the 70th parallel, does not even give way to clearer skies in the winter months.

The explanation lies in the presence of an extension of the Atlantic Gulf Stream that feeds relatively warm water into the Barents Sea through the gap between Iceland and Norway. Warm Atlantic airstreams saturate quickly as they flow over the cold Arctic waters and the result is an extremely high frequency of low cloud, more than in any other parts of the high northern latitudes. The Barents Sea also has a relatively high frequency of cyclonic storms in August, though the strength of these low-pressure systems is much less than those that develop later in the year.

The graph in Figure 17 shows that the heaviest cloud cover of the entire track lies in the region surrounding Spitsbergen Island; in the surface station data, observing sites in Franz Josef Land have that dubious distinction. Ny Alesund, the only station in the area for which sunshine data are available, shows an average of 4.3 h of sunshine each day, a figure that translates into just 18% of the maximum possible. According to satellite data (Figure 17), the cloudiness along the central line declines steadily after the eclipse track passes 30° E longitude, dropping below 75% on the coast of Novaya Zemlya. Cloudiness spikes upward briefly as the eclipse path crosses the high terrain of Novaya Zemlya, but then continues its downward trend—a trend that continues until the Chinese border. Surface observations (Table 18) are not quite so dramatic, showing a more muted cloud-cover trend that drops only about 10% between Viktoriya Island in Franz Josef Land and Malye Karmakuly on Novaya Zemlya.

Novaya Zemlya and the islands that make up Svalbard and Franz Josef Land have prominent terrain that may provide some shielding from the endemic cloud cover of Arctic latitudes. Winds that blow downslope from higher ground or are diverted to flow around an island may carve holes in the cloud cover on the lee side of the terrain. It is a phenomenon that is usually very local in extent. The south side of Novaya Zemlya, being significantly larger and higher than the other islands and angled to block the prevailing northwesterly and northerly flows, is most likely to benefit from the lee side drying. It is not a major improvement, but brings mean cloudiness down to about 70%—a drop of nearly a fifth from the peak near Spitsbergen Island.

Eclipse expeditions that hope to watch from Arctic waters should head for the Kara Sea between Novaya Zemlya and the Yamal Peninsula (on the Russian mainland) in order to take advantage of the modest improvement in the cloud climatology.

While the Barents and Kara Seas lie in the path of cyclonic storms moving eastward from the Atlantic, the lows do not carry the punch of storms in the cold-weather season. Wind speeds around Novaya Zemlya average just over 15 km/h in August and seldom reach above 50 km/h. Wind speeds at Viktoriya Island, between Spitsbergen and Franz Josef Islands, are slightly stronger on average, but also peak at the 50 km/h mark. Wave heights reflect these lighter winds, being generally less than one meter and only occasionally above two.

Maximum temperatures all along the Arctic track rise only 5–10°C above the freezing point, reaching the warmest values on the bigger islands. Novaya Zemlya is warmer on the west side than on the east, as the west intercepts the Gulf Stream branch that reaches out from the Atlantic Ocean. This warmer air also carries a heavy moisture load and so the cloudiness on the windward side of the island is heavier than on the leeward side.

2.5 Siberia

As the path of the lunar shadow moves southward across central Russia, it encounters a moist landscape of rivers, bogs, and small lakes. The surface provides a ready supply of moisture to be incorporated into passing weather systems. Most of these weather systems track north of the 60th parallel, but their associated frontal systems can sweep much farther south, even into China. The weather in the north has a very different character than that in the south. Above the 60th parallel, large weather systems with extensive mid- and upper-level cloud shields and steady precipitation are a common feature of the mid-summer months. Farther south, nearer to Novosibirsk, the weather systems become more convective in nature, with showers and thundershowers bringing the majority of the rainfall.

There is not a clear-cut distinction between the northern and southern cloud climates, but instead, a gradual transition as latitudes decline. In the satellite data, mean cloudiness diminishes steadily, from 65% along the north coast near Nadym to 47% near Barnaul (Figure 17). South of Barnaul cloud cover increases by nearly 10% over the rugged Altay Mountains that mark the boundary between Russia and China. Surface observations show the percent of possible sunshine climbing from 35% at Salekhard, to a more promising 54% at Novosibirsk and 57% at Barnaul.

The most likely eclipse destination in northern Siberia is Nadym, just below the Arctic Circle. A small community of 50,000 composed of imposing bastions of apartments, Nadym owes its existence to huge reserves of natural gas. As climate statistics are not available for Nadym, Tako-Sale or Salekhard can be substituted. In either case, cloud cover statistics are not encouraging, in large part because of the frequent presence of migrating low-pressure systems with their large cloud shields and sustained precipitation. In Figure 17, Nadym looks promising only when compared with sites much farther north.

Much of the summer precipitation in the southern portion of the Siberian track is in the form of convective showers arising during the passage of weak frontal systems. These frontal disturbances pass relatively quickly and are easily followed in satellite imagery by noting the areas of mid- and high-level cloudiness that usually accompany them. Such systems can bring a day or more of cloudiness, in contrast to less organized forms of convection that may persist for only an afternoon and evening. Whatever its nature, most days with rain are supported by some form of upper disturbance and eclipse expeditions should keep an eye on numerical-computer models, as these are quite reliable at forecasting the movement of the upper systems.

The Altay Mountains, with peaks rising above 4000 m, impose a substantial barrier between Russia and China and separate two very different climate regimes. Their altitude brings a sharp increase in cloudiness as air is forced to rise and cool, but the spectacular beauty of the area, with brilliant glaciers and snow-capped peaks, provides a powerful temptation to go to the border for the eclipse. The climate in the Altay is highly variable, with high, steeply sloped mountains alternating with deep valleys. The rugged terrain breaks holes in all but the most persistent weather systems, but the difficulty of travel and the limited horizon view make the task of finding a sunny spot a difficult one. Given the challenges, the most promising weather would seem to lie on the south side of the Altay, close to the border with Mongolia, where the climate is much drier.

Temperatures moderate significantly once the eclipse track leaves the Arctic coast for the interior of Siberia. August 1 is just past the warmest part of the year: maximum temperatures climb from an average of 13°C in the north to between 21 and 23°C near Novosibirsk and Barnaul. Rainfall is infrequent in the afternoon—on average about 15% of the hours around the time of the eclipse have precipitation reported. It is not a particularly breezy time of year (maximum winds seldom exceed 40 km/h), but strong thunderstorms can bring damaging gusts just as in North America or Europe. The likelihood of a thunderstorm during the afternoon ranges from less than 1% over the northern part of the track to between 3 and 5% south of Novosibirsk.

2.6 Local Conditions Around Novosibirsk

Novosibirsk is likely to be the staging point for eclipse expeditions to southern Siberia as it is a substantial metropolis (the third largest in Russia) with all of the services that come with a large population. The surrounding landscape is a mixture of forest and farmland, with good highways to the east, west, and south. Of particular interest is the highway that leads southward from the city toward Barnaul and the Mongolian border: it follows the central line very closely for the first 300 km and then more loosely for the remaining distance. The central line of the eclipse shadow misses Novosibirsk to the west, passing directly over its airport near the town of Ob.

Open spaces for eclipse observing are at a bit of a premium, but can be found with a little searching. The area is largely unpolluted, thanks to the vast Siberian wilderness, though occasional forest fires have been known to give a pink cast to the sky. The Novosibirsk Reservoir (informally, the Ob Sea), to the southwest of the city, is a large lake with a long dimension of over 100 km and a maximum width of nearly 20 km. The size of the lake and its cool waters play havoc with convective clouds—small and medium-sized buildups dissipate rapidly as soon as they cross from land to water, often opening substantial holes in the cloud cover when conditions are right. Eclipse-viewing sites situated on the lee side (which changes with the wind direction) of the lake shore could derive a substantial benefit from this effect, especially as the central line crosses the lake only 20 km from Novosibirsk. The suppression of cumulus cloudiness usually extends a short distance inland on the lee shore.

Examination of the hourly cloud-cover statistics for Novosibirsk shows a strong increase in broken cloudiness during the afternoon hours and a corresponding decrease in both scattered and overcast cloud cover. This pattern is almost certainly a climatological reflection of the buildup of cumulus cloud and suggests that a site on the lake should improve odds (i.e., the percent of possible sunshine) by 5% to 10% above the statistics for Novosibirsk airport, which lies 24 km to the north of the lake. Showery weather typically arrives with a southerly component to the wind, and so the north side of the lake is slightly more favored than the south.

The center of the eclipse track crosses the town of Leninskoye on the north side of the lake and Sosnovka on the south, both of which are easily accessible from Novosibirsk. Sosnovka is a tiny community located next to a creek of the same name. The terrain is open to the southwest and to the north across the lake, providing an excellent view of the oncoming shadow, and the surrounding countryside is largely made up of open farmland. There is no beach along the shore, but an open space next to the waterline affords a place for viewing the eclipse. Leninskoye, on the north side of the lake, has the attraction of a large beach that permits an excellent view southward. The beach, or the high ground that backs the beach, offers more space than appears available at Sosnovka. Leninskoye itself has limited facilities, but is undergoing rapid development as residents from Novosibirsk build dachas (country houses) in the community.

Closer to Novosibirsk, the town of Ob—essentially an airport suburb—nearly straddles the central line, but there are few open spaces to catch a good view of the horizon and the ambiance is overly industrial with noisy traffic on the highway leading to Omsk. South of Ob lies a stretch of farmland with open pastures mixed with patches of forest.

2.7 China

As the eclipse track crosses the Altay Mountains into China, there is an abrupt change in climatology, in part because of the blocking effects of the mountains. Northern China is bone-dry and much sunnier. The eclipse track passes between the Taklimakan and Gobi Deserts, following the track of the ancient Silk Road to Xi'an, and then settling into the sunset near Luohe. While over northern China the track skips along the Mongolia-China border, follows the gradually smaller peaks of the Altay Mountains, and then crosses onto a rocky plateau between mountain ranges as it passes Hami and Jiuquan. Here, at these latter stations, the influence of the deserts is felt most strongly, and the prospects for sunshine reach their peak.

Mean cloud amount as measured by satellite (Figure 17) drops nearly 20% from the Altay Mountain maximum, to a minimum of 28% at a location on the center line to the southeast of Hami. Farther south, past Jiuquan, the track begins to feel the influence of the monsoon moisture that haunts central China in August, and the cloudiness rebounds to 50% at Xi'an. This quick variation in the cloud statistics, leaves eclipse watchers with an excellent location from which to view the spectacle.

Surface-station reports mimic the conclusions of the satellite data. From Barnaul to Hami, the percent of possible sunshine rises by 20% to a maximum of 76% (Table 18). Precipitation for August drops to a very few millimeters (Table 19) and average daytime temperatures climb to the upper 20s (°C). Even winds are on our side, with peak values averaging only 25 km/h along the Silk Road, and easing concerns about dust storms. For at least a short interval, the weather conditions for the eclipse seem almost perfect.

In spite of its favorable average climatology, northern China is not without its weather systems and occasional heavy cloudiness in August. Most of the weather systems are small upper disturbances that move across the Altay Mountains from Kazakhstan or Russia. The dryness of the air over northern China usually means that these disturbances are stripped of their low-level cloud, but the remaining higher clouds are quite capable of masking the Sun and spoiling the eclipse. As with similar systems over Russia, high clouds can be readily detected in satellite imagery and predicted by computer models.

2.8 Local Conditions Around Hami

The city of Hami lies on the eastern fringes of the Tarim Pendi, the great basin that holds the Taklimakan Desert. To the east of Hami is a minor branch of the Tien Shan Mountains, the Karlik Shan, with peaks that reach nearly 5000 m. While maps may barely show the range, from the city, it is a not-too-distant spectacle of snow-capped peaks, frequently topped with a fringe of convective cloud. The central line is some distance from Hami, on the far side of the Karlik peaks, on a pleasant grassland plateau at an altitude nearly 2000 m above sea level.

The road from Hami to the mountains is a ruler-straight highway that heads northeast from the city. The south limit of the eclipse is on the outskirts of Hami; the foot of the mountain range is 35 km distant. The mountains begin abruptly, first with a gentle climb into a gorge, and then with gradually increasing slopes and quick switch-back curves, but the paved highway is in excellent condition and after an hour or so of travel, emerges from the gorge to show a spectacular plateau—the Barkol grassland. As the highway turns southward toward

Yiwu, the largest community near the central line, the peaks of the Karlik guard the right-hand side. To the left is a line of lower hills, converging slowly toward the highway. The left-side eastern hills are mostly cloud free—the small amount of cumulus present will dissipate during the eclipse. The higher Karlik peaks in the west, however, are topped with towering convective clouds, some raining on the steep slopes above the grassland plateau. The winds of the day push the remnants of these mountain showers toward the highway, but the downslope run from the peaks causes them to dissipate on their journey and the day is scarcely interrupted by the leftover patches that finally reach the highway.

At Yiwu, a modern city of brightly colored apartments, the eastern hills finally pinch off the highway. The town is nestled against these dull-brown hills, and as the road turns from southeast to northeast toward the central line, it enters a winding gorge, at one moment open to a wide expanse of sky, and the next, confined between narrow hills and roadside trees. The central line is in the gorge: the sky is open to a good view of the eclipse, but the horizons are blocked in all directions and the space is very limited for a group of any size. Beyond the central line, several kilometers distant, the gorge opens onto a flat gravely plain allowing a view of the whole sky.

The surface-station climatology at Hami (Table 18) is not representative of the conditions along the central line, as the mountain cloudiness is barely reflected in the observations from the city. The scattered-to-broken cloudiness encountered on the plateau is probably fairly common all along the eclipse track, at least wherever the track lies in the proximity of higher ground. Observations farther north near Urumqi seem to support this conclusion; however, the satellite-derived cloud statistics reflect the mountain cloud cover more accurately. While the statistics for Hami are more optimistic than is actually the case on the eclipse track, there seems little reason to dispute the satellite measurements that give a strong nod to the Hami-Jiuquan area. Perhaps the best location is northeast of Anxi, near the community of Gongpoquan where the terrain is lowest and the mountain-induced cloudiness at a minimum, but local information suggests that this is a military area with restricted access.

Cloud conditions on the eclipse track cannot be easily viewed from Hami, though the cloud on the Karlik range is readily visible from the city. Only a trip to the plateau will permit the eclipse traveler to judge the conditions on eclipse day, but the cloud is so highly variable, unless a major disturbance is in the area, that it seems unlikely that the eclipse would not be visible somewhere on the Barkol grassland. The extent and direction of motion of the mountain cloud will depend on the weather on eclipse day and must be assessed at that time.

2.9 Local Conditions Near Xi'an

Xi'an lies on the edge of the eclipse path, in a region with a discomforting humidity, poorer prospects for cloudiness, and a disconcerting level of pollution and haze. The eclipse here will be very low—barely 4° above the horizon. Based on recent experience, the eclipse will not be visible from the city, as the Sun disappears into the smog while at a considerable altitude, perhaps as much as 10°. Outside the city, on the central line to the north, skies will be cleaner, but the view will still be severely limited by haze and humidity.

2.10 Getting Weather Information

The two main sources of weather information for short-range planning (a few days to hours) are satellite imagery and numerical models of the atmosphere. Both of these can be found for nearly all parts of the eclipse track and links to a selection of distribution sites are given in the following sub-sections. The high latitude of much of the eclipse track limits the utility of geostationary images over Russian and Canada as the scene is wrapped over the curve of the Earth. Over the first half of the shadow track, downward-looking polar-orbiting satellites must be utilized to see the cloud patterns. Such satellites cannot provide the same frequency of coverage as their geostationary cousins and wide areas can only be shown by assembling strips of images side-by-side over a period of several hours, reducing the timeliness of the information.

Model data is even more limited over Russian and China even though most national meteorological centers configure their numerical models to run across the entire globe. Fortunately, a few sites do provide access to global output to help with the medium-range planning leading up to eclipse day. It is important to remember that numerical models have serious deficiencies, especially in data-sparse regions and the predictions should be backed up by a careful assessment of the real weather situation.

2.10.1 Sources of Satellite Imagery

1. https://afweather.afwa.af.mil/weather/satellite.html—A United States Air Force (USAF) weather site with satellite imagery over several sectors of the globe. High-latitude sectors include much of the eclipse track from Greenland to China. Images at higher latitudes are composites of several polar-orbiter passes and may be a few hours old. The sector labeled "IGM" covers most of China and is rectified to remove the effects of the Earth's curvature. A low-resolution global sector shows the entire eclipse track over mainland Russian and China. A "North Atlantic" sector covers the track from the Canadian archipelago to Svalbard; the "Northern Europe" sector continues the coverage past Novaya Zemlya to China. Both still and animated imagery is available.
2. http://met.no/satellitt/index.html —Norwegian Meteorological Institute site with high-latitude imagery that extends to Svalberg (in Norwegian).
3. http://www.btinternet.com/~wokingham.weather/wwp2.html—Wokingham Weather, a private site with high-resolution polar-orbiter imagery that occasionally extends beyond Novaya Zemlya.
4. http://www.sat.dundee.ac.uk/—Dundee University Satellite Receiving Station. One of the most comprehensive sites, Dundee has images from geostationary satellites around the globe at high resolution. Both Indian and Chinese

satellites provide an equatorial view of the eclipse track over China (and parts of Russia, with a stretch). Images are not rectified and have only minimal country outlines and latitude markings, so that finding a particular site requires considerable care. Registration (free) is required.

5. http://sputnik.infospace.ru/noaa/engl/noaa.htm—High-resolution polar-orbiter imagery of the Barents Sea. Look under "Sea Surface Temperature" and click on "Barents Sea." The ensuing page will contain several satellite images over the region from Svalbard to Novaya Zemlya.

6. http://meteo.infospace.ru/main.htm—Russia's "Weather Server." Includes low-resolution composite satellite images of various sections of Russia under "Satellite Data."

2.10.2 Forecast Models

1. http://www.westwind.ch/—An omnibus site containing European model data from dozens of meteorological centers and many models. While most of the model output are for more southerly latitudes than the eclipse track, some provide cloud cover predictions for high latitudes. Try the University of Athens site "SKIRON" where three-day numerical forecasts extend north to Svalbard and Novaya Zemlya.

2. http://weatheroffice.ec.gc.ca/charts/index_e.html—Environment Canada's site where numerical model forecasts for the Canadian Arctic islands are available. Use the "Regional" model for short-range (48 hours) detailed forecasts and the "Global" model for long-range (5-day) predictions. For more detail in cloud layers, look under "Vertical Motion." The Global model extends across the pole to include areas as far as Novaya Zemlya.

3. http://ddb.kishou.go.jp/grads.html—A Japanese site with an interactive map server that allows you to pick out a region of interest anywhere in the world and display computer forecast fields for the area. The number of fields is limited, but "dew point depression" at several levels in the atmosphere (850, 700, 500 mb) will give an indication of where the model is predicting high levels of atmospheric moisture.

4. http://weather.uwyo.edu/models/—A University of Wyoming site that allows you to select from several locations around the globe and obtain model data for that area. In particular, model output is available for China, the polar seas, and a large part of western Russia. While cloud cover is not one of the selectable elements, users can map the relative humidity at several atmospheric levels. Forecasts out to 180 hours are available.

2.11 Summary

The weather options for the 2008 eclipse are limited: the best prospects are in southern Russia or northern China. By selecting a site along the shores of the Novosibirsk Reservoir or in the Altay Mountains near the Mongolian border, the climatological probability of seeing the eclipse may reach as high as 60% in Russia. In China, where a rugged terrain brings more cloudiness than suggested by the climate observing sites, the probability is likely in the 70% range. Elsewhere, eclipse chasers will have to trade grand Arctic and Siberian adventures and spectacular scenery for poorer weather prospects.

3. Observing the Eclipse

3.1 Eye Safety and Solar Eclipses

A total solar eclipse is probably the most spectacular astronomical event that many people will experience in their lives. There is a great deal of interest in watching eclipses, and thousands of astronomers (both amateur and professional) and other eclipse enthusiasts travel around the world to observe and photograph them.

A solar eclipse offers students a unique opportunity to see a natural phenomenon that illustrates the basic principles of mathematics and science taught through elementary and secondary school. Indeed, many scientists (including astronomers) have been inspired to study science as a result of seeing a total solar eclipse. Teachers can use eclipses to show how the laws of motion and the mathematics of orbits can predict the occurrence of eclipses. The use of pinhole cameras and telescopes or binoculars to observe an eclipse leads to an understanding of the optics of these devices. The rise and fall of environmental light levels during an eclipse illustrate the principles of radiometry and photometry, while biology classes can observe the associated behavior of plants and animals. It is also an opportunity for children of school age to contribute actively to scientific research—observations of contact timings at different locations along the eclipse path are useful in refining our knowledge of the orbital motions of the Moon and Earth, and sketches and photographs of the solar corona can be used to build a three-dimensional picture of the Sun's extended atmosphere during the eclipse.

Observing the Sun, however, can be dangerous if the proper precautions are not taken. The solar radiation that reaches the surface of the Earth ranges from ultraviolet (UV) radiation at wavelengths longer than 290 nm, to radio waves in the meter range. The tissues in the eye transmit a substantial part of the radiation between 380–400 nm to the light-sensitive retina at the back of the eye. While environmental exposure to UV radiation is known to contribute to the accelerated aging of the outer layers of the eye and the development of cataracts, the primary concern over improper viewing of the Sun during an eclipse is the development of "eclipse blindness" or retinal burns.

Exposure of the retina to intense visible light causes damage to its light-sensitive rod and cone cells. The light triggers a series of complex chemical reactions within the cells which damages their ability to respond to a visual stimulus, and in extreme cases, can destroy them. The result is a loss of visual function, which may be either temporary or permanent depending on the severity of the damage. When a person looks repeatedly, or for a long time, at the Sun without proper eye protection, this photochemical retinal damage may be accompanied by a thermal injury—the high level of visible and near-infrared radiation causes heating that literally cooks the exposed tissue. This thermal injury or photocoagulation destroys the rods and cones, creating a small blind area. The danger to vision is significant because photic retinal injuries occur without any feeling of pain (the retina has no pain receptors), and the visual effects do not become apparent for at least several hours after the damage is done (Pitts 1993). Viewing the Sun through binoculars, a telescope, or other optical devices without proper protective filters can result in immediate thermal retinal injury because of the high irradiance level in the magnified image.

The only time that the Sun can be viewed safely with the naked eye is during a total eclipse, when the Moon completely covers the disk of the Sun. *It is never safe to look at a partial or annular eclipse, or the partial phases of a total solar eclipse, without the proper equipment and techniques.* Even when 99% of the Sun's surface (the photosphere) is obscured during the partial phases of a solar eclipse, the remaining crescent Sun is still intense enough to cause a retinal burn, even though illumination levels are comparable to twilight (Chou 1981 and 1996, and Marsh 1982). Failure to use proper observing methods may result in permanent eye damage and severe visual loss. This can have important adverse effects on career choices and earning potential, because it has been shown that most individuals who sustain eclipse-related eye injuries are children and young adults (Penner and McNair 1966, Chou and Krailo 1981, and Michaelides et al. 2001).

The same techniques for observing the Sun outside of eclipses are used to view and photograph annular solar eclipses and the partly eclipsed Sun (Sherrod 1981, Pasachoff 2000, Pasachoff and Covington 1993, and Reynolds and Sweetsir 1995). The safest and most inexpensive method is by projection. A pinhole or small opening is used to form an image of the Sun on a screen placed about a meter behind the opening. Multiple openings in perfboard, a loosely woven straw hat, or even interlaced fingers can be used to cast a pattern of solar images on a screen. A similar effect is seen on the ground below a broad-leafed tree: the many "pinholes" formed by overlapping leaves creates hundreds of crescent-shaped images. Binoculars or a small telescope mounted on a tripod can also be used to project a magnified image of the Sun onto a white card. All of these methods can be used to provide a safe view of the partial phases of an eclipse to a group of observers, but care must be taken to ensure that no one looks through the device. The main advantage of the projection methods is that nobody is looking directly at the Sun. The disadvantage of the pinhole method is that the screen must be placed at least a meter behind the opening to get a solar image that is large enough to be easily seen.

The Sun can only be viewed directly when filters specially designed to protect the eyes are used. Most of these filters have a thin layer of chromium alloy or aluminum deposited on their surfaces that attenuates both visible and near-infrared radiation. A safe solar filter should transmit less than 0.003% (density ~4.5) of visible light and no more than 0.5% (density ~2.3) of the near-infrared radiation from 780–1400 nm. (In addition to the term transmittance [in percent], the energy transmission of a filter can also be described by the term density [unitless]

where density, d, is the common logarithm of the reciprocal of transmittance, t, or $d=\log10[1/t]$. A density of '0' corresponds to a transmittance of 100%; a density of '1' corresponds to a transmittance of 10%; a density of '2' corresponds to a transmittance of 1%, etc.). Figure 18 shows transmittance curves for a selection of safe solar filters.

One of the most widely available filters for safe solar viewing is shade number 14 welder's glass, which can be obtained from welding supply outlets. A popular inexpensive alternative is aluminized polyester that has been specially made for solar observation. (This material is commonly known as "mylar," although the registered trademark "Mylar®" belongs to Dupont, which does not manufacture this material for use as a solar filter. Note that "Space blankets" and aluminized polyester film used in gardening are NOT suitable for this purpose!) Unlike the welding glass, aluminized polyester can be cut to fit any viewing device, and does not break when dropped. It has been pointed out that some aluminized polyester filters may have large (up to approximately 1 mm in size) defects in their aluminum coatings that may be hazardous. A microscopic analysis of examples of such defects shows that despite their appearance, the defects arise from a hole in one of the two aluminized polyester films used in the filter. There is no large opening completely devoid of the protective aluminum coating. While this is a quality control problem, the presence of a defect in the aluminum coating does not necessarily imply that the filter is hazardous. When in doubt, an aluminized polyester solar filter that has coating defects larger than 0.2 mm in size, or more than a single defect in any 5 mm circular zone of the filter, should not be used.

An alternative to aluminized polyester that has become quite popular is "black polymer" in which carbon particles are suspended in a resin matrix. This material is somewhat stiffer than polyester film and requires a special holding cell if it is to be used at the front of binoculars, telephoto lenses, or telescopes. Intended mainly as a visual filter, the polymer gives a yellow image of the Sun (aluminized polyester produces a blue-white image). This type of filter may show significant variations in density of the tint across its extent; some areas may appear much lighter than others. Lighter areas of the filter transmit more infrared radiation than may be desirable. The advent of high resolution digital imaging in astronomy, especially for photographing the Sun, has increased the demand for solar filters of higher optical quality. Baader AstroSolar Safety Film, a metal-coated resin, can be used for both visual and photographic solar observations. A much thinner material, it has excellent optical quality and much less scattered light than polyester filters. The Baader material comes in two densities: one for visual use and a less dense version optimized for photography. Filters using optically flat glass substrates are available from several manufacturers, but are quite expensive in large sizes.

Many experienced solar observers use one or two layers of black-and-white film that has been fully exposed to light and developed to maximum density. The metallic silver contained in the film emulsion is the protective filter; however, any black-and-white negative with images in it is not suitable for this purpose. More recently, solar observers have used floppy disks and compact disks (CDs and CD-ROMs) as protective filters by covering the central openings and looking through the disk media. However, the optical quality of the solar image formed by a floppy disk or CD is relatively poor compared to aluminized polyester or welder's glass. Some CDs are made with very thin aluminum coatings that are not safe—if the CD can be seen through in normal room lighting, it should not be used! No filter should be used with an optical device (e.g., binoculars, telescope, camera) unless it has been specifically designed for that purpose and is mounted at the front end. Some sources of solar filters are listed below.

Unsafe filters include color film, black-and-white film that contains no silver (i.e., chromogenic film), film negatives with images on them, smoked glass, sunglasses (single or multiple pairs), photographic neutral density filters and polarizing filters. Most of these transmit high levels of invisible infrared radiation, which can cause a thermal retinal burn (see Figure 23). The fact that the Sun appears dim, or that no discomfort is felt when looking at the Sun through the filter, is no guarantee that the eyes are safe.

Solar filters designed to thread into eyepieces that are often provided with inexpensive telescopes are also unsafe. These glass filters often crack unexpectedly from overheating when the telescope is pointed at the Sun, and retinal damage can occur faster than the observer can move the eye from the eyepiece. Avoid unnecessary risks. Local planetariums, science centers, or amateur astronomy clubs can provide additional information on how to observe the eclipse safely.

There are some concerns that ultraviolet-A (UVA) radiation (wavelengths from 315–380 nm) in sunlight may also adversely affect the retina (Del Priore 1999). While there is some experimental evidence for this, it only applies to the special case of aphakia, where the natural lens of the eye has been removed because of cataract or injury, and no UV-blocking spectacle, contact or intraocular lens has been fitted. In an intact normal human eye, UVA radiation does not reach the retina because it is absorbed by the crystalline lens. In aphakia, normal environmental exposure to solar UV radiation may indeed cause chronic retinal damage. The solar filter materials discussed in this article, however, attenuate solar UV radiation to a level well below the minimum permissible occupational exposure for UVA (ACGIH 2004), so an aphakic observer is at no additional risk of retinal damage when looking at the Sun through a proper solar filter.

In the days and weeks before a solar eclipse, there are often news stories and announcements in the media, warning about the dangers of looking at the eclipse. Unfortunately, despite the good intentions behind these messages, they frequently contain misinformation, and may be designed to scare people from viewing the eclipse at all. This tactic may backfire, however, particularly when the messages are intended for students. A student who heeds warnings from teachers and other authorities not to view the eclipse because of the danger to vision, and later learns that other students did see it safely, may feel cheated out of the experience. Having now learned that the authority figure was wrong on one occasion, how is this student going to react when other health-related advice about drugs, AIDS[3], or smoking is given (Pasachoff 2001). Misinformation may be just as bad, if not worse, than no information.

Remember that the total phase of an eclipse can, and should, be seen without any filters, and certainly never by projection! It is completely safe to do so. Even after observing 14 solar eclipses, the author finds the naked-eye view of the *totally eclipsed* Sun awe-inspiring. The experience should be enjoyed by all.

Sect. 3.1 was contributed by:
B. Ralph Chou, MSc, OD
Associate Professor, School of Optometry
University of Waterloo
Waterloo, Ontario, Canada N2L 3G1

3.2 Sources for Solar Filters

The following is a brief list of sources for filters that are specifically designed for safe solar viewing with or without a telescope. The list is not meant to be exhaustive, but is a representative sample of sources for solar filters currently available in North America and Europe. For additional sources, see advertisements in *Astronomy* and or *Sky & Telescope* magazines. (The inclusion of any source on the following list does not imply an endorsement of that source by either the authors or NASA.)

Sources in the USA:

American Paper Optics, 3080 Bartlett Corporate Drive, Bartlett, TN 38133, (800) 767-8427 or (901) 381-1515
Astro-Physics, Inc., 11250 Forest Hills Rd., Rockford, IL 61115, (815) 282-1513.
Celestron International, 2835 Columbia Street, Torrance, CA 90503, (310) 328-9560.
Coronado Technology Group, 1674 S. Research Loop, Suite 436, Tucson, AZ 85710-6739, (520) 760-1561, (866) SUNWATCH.
Meade Instruments Corporation, 16542 Millikan Ave., Irvine, CA 92606, (714) 756-2291.
Rainbow Symphony, Inc., 6860 Canby Ave., #120, Reseda, CA 91335, (818) 708-8400.
Telescope and Binocular Center, P.O. Box 1815, Santa Cruz, CA 95061-1815, (408) 763-7030.
Thousand Oaks Optical, Box 4813, Thousand Oaks, CA 91359, (805) 491-3642.

Sources in Canada:

Kendrick Astro Instruments, 2920 Dundas St. W., Toronto, Ontario, Canada M6P 1Y8, (416) 762-7946.
Khan Scope Centre, 3243 Dufferin Street, Toronto, Ontario, Canada M6A 2T2, (416) 783-4140.
Perceptor Telescopes TransCanada, Brownsville Junction Plaza, Box 38, Schomberg, Ontario, Canada L0G 1T0, (905) 939-2313.

Sources in Europe:

---
3. Acquired Immunodeficiency Syndrome

Baader Planetarium GmbH, Zur Sternwarte, 82291 Mammendorf, Germany, 0049 (8145) 8802.

3.3 Eclipse Photography

The eclipse may be safely photographed provided that the above precautions are followed. Almost any kind of camera can be used to capture this rare event, but Single Lens Reflex (SLR) cameras offer interchangable lenses and zooms. A lens with a fairly long focal length is recommended in order to produce as large an image of the Sun as possible. A standard 50 mm lens on a 35 mm film camera yields a minuscule 0.5 mm solar image, while a 200 mm telephoto or zoom lens produces a 1.9 mm image (Figure 19). A better choice would be one of the small, compact, catadioptic or mirror lenses that have become widely available in the past 20 years. The focal length of 500 mm is most common among such mirror lenses and yields a solar image of 4.6 mm.

With one solar radius of corona on either side, an eclipse view during totality will cover 9.2 mm. Adding a 2x teleconverter will produce a 1000 mm focal length, which doubles the Sun's diameter to 9.2 mm. Focal lengths in excess of 1000 mm usually fall within the realm of amateur telescopes.

Consumer digital cameras have become affordable in recent years and many of these may be used to photograph the eclipse. Most recommendations for 35 mm SLR cameras apply to digital SLR (DSLR) cameras as well. The primary difference is that the imaging chip in most DSLR cameras is only about 2/3 the area of a 35 mm film frame (check the camera's technical specifications). This means that the Sun's relative size will be 1.5 times larger in a DSLR camera so a shorter focal length lens can be used to achieve the same angular coverage compared to a 35 mm SLR camera. For example, a 500 mm lens on a digital camera produces the same relative image size as a 750 mm lens on a 35 mm camera (Figure 19). Another issue to consider is the lag time between digital frames required to write images to the DSLR's memory card. It is also advisable to turn off the autofocus because it is not reliable under these conditions; focus the camera manually instead. Preparations must also be made for adequate battery power and space on the memory card.

If full disk photography of partial phases of the eclipse is planned, the focal length of the optics must not exceed 2500 mm on 35 mm format (1700 mm on digital). Longer focal lengths permit photography of only a magnified portion of the Sun's disk. In order to photograph the Sun's corona during totality, the focal length should be no longer than about 1500 mm (1000 mm on digital); however, a shorter focal length of 1000 mm (700 mm digital) requires less critical framing and can capture some of the longer coronal streamers. Figure 19 shows the apparent size of the Sun (or Moon) and the outer corona in both film and digital formats for a range of lens focal lengths. For any particular focal length, the diameter of the Sun's image (on 35 mm film) is approximately equal to the focal length divided by 109 (Table 20).

A solar filter must be used on the lens throughout the partial phases for both photography and safe viewing. Such filters are most easily obtained through manufacturers and dealers listed in *Sky & Telescope* and *Astronomy* magazines (see Sect. 3.2, "Sources for Solar Filters"). These filters typically attenuate the Sun's visible and infrared energy by a factor of 100,000. The actual filter factor and choice of ISO speed, however, will play critical roles in determining the correct photographic exposure. Almost any ISO can be used because the Sun gives off abundant light. The easiest method for determining the correct exposure is accomplished by running a calibration test on the uneclipsed Sun. Shoot a roll of film of the mid-day Sun at a fixed aperture (f/8 to f/16) using every shutter speed from 1/1000 s to 1/4 s. After the film is developed, note the best exposures and use them to photograph all the partial phases. With a digital camera, the process is even easier: shoot a range of different exposures and use the camera's histogram display to evaluate the best exposure. The Sun's surface brightness remains constant throughout the eclipse, so no exposure compensation is needed except for the narrow crescent phases, which require two more stops due to solar limb darkening. Bracketing by several stops is also necessary if haze or clouds interfere on eclipse day.

Certainly the most spectacular and awe-inspiring phase of the eclipse is totality. For a few brief minutes or seconds, the Sun's pearly white corona, red prominences, and chromosphere are visible. The great challenge is to obtain a set of photographs that captures these fleeting phenomena. The most important point to remember is that during the total phase, all solar filters must be removed. The corona has a surface brightness a million times fainter than the photosphere, so photographs of the corona must be made *without* a filter. Furthermore, it is completely safe to view the totally eclipsed Sun directly with the naked eye. No filters are needed, and in fact, they would only hinder the view. The average brightness of the corona varies inversely with the distance from the Sun's limb. The inner corona is far brighter than the outer corona so no single exposure can capture its full dynamic range. The best strategy is to choose one aperture or f/number and bracket the exposures over a range of shutter speeds (i.e., 1/1000 s to 1 s). Rehearsing this sequence is highly recommended because great excitement accompanies totality and there is little time to think.

Exposure times for various combinations of International Organization for Standardizaion (ISO) speeds, apertures (f/number) and solar features (chromosphere, prominences, inner, middle, and outer corona) are summarized in Table 21. The table was developed from eclipse photographs made by F. Espenak, as well as from photographs published in *Sky and Telescope*. To use the table, first select the ISO speed in the upper left column. Next, move to the right to the desired aperture or f/number for the chosen ISO speed. The shutter speeds in that column may be used as starting points for photographing various features and phenomena tabulated in the 'Subject' column at the far left. For example, to photograph prominences using ISO 400 at f/16, the table recommends an exposure of 1/1000. Alternatively, the recommended shutter speed can be calculated using the 'Q' factors tabulated along with the exposure formula at the bottom of Table 21. Keep in mind that these exposures are based on a clear sky and a corona of average brightness. The exposures should be bracketed one or more stops to take into account the actual sky conditions and the variable nature of these phenomena.

Point-and-shoot cameras with wide angle lenses are excellent for capturing the quickly changing light in the seconds before and during totality. Use a tripod or brace the camera on a wall or fence since slow shutter speeds will be needed. You should also disable or turn off your camera's electronic flash so that it does not interfere with anyone else's view of the eclipse.

Another eclipse effect that is easily captured with point-and-shoot cameras should not be overlooked. Use a straw hat or a kitchen sieve and allow its shadow to fall on a piece of white cardboard placed several feet away. The small holes act like pinhole cameras and each one projects its own image of the eclipsed Sun. The effect can also be duplicated by forming a small aperture with the fingers of one's hands and watching the ground below. The pinhole camera effect becomes more prominent with increasing eclipse magnitude. Virtually any camera can be used to photograph the phenomenon, but automatic cameras must have their flashes turned off because this would otherwise obliterate the pinhole images.

For more on eclipse photography, observations, and eye safety, see the "Further Reading" sections in the Bibliography.

3.4 Sky at Totality

The total phase of an eclipse is accompanied by the onset of a rapidly darkening sky whose appearance resembles evening twilight about half an hour after sunset. The effect presents an excellent opportunity to view planets and bright stars in the daytime sky. Aside from the sheer novelty of it, such observations are useful in gauging the apparent sky brightness and transparency during totality.

During the total solar eclipse of 2008, the Sun will be in Cancer. Four naked-eye planets and a number of bright stars will be above the horizon within the total eclipse path. Figure 20 depicts the appearance of the sky during totality as seen from the central line at 11:00 UT. This corresponds to northern China near Altay.

All four planets lie east of the Sun in a string spanning 39°. The most conspicuous of the planets will be Venus ($m_v = -3.8$) located 15° from the Sun in Leo. Mercury ($m_v = -1.7$) should also be easy to spot just 3° east of the Sun. Saturn is considerably fainter ($m_v = +1.1$) and lies 28° from the Sun. Mars ($m_v = +1.7$) is most distant from the Sun at 39°. It will also be the most challenging planet to find because it is over 5 magnitudes (~100×) fainter than Venus.

The bright star Regulus ($m_v = +1.36$) lies about half way between Venus and Saturn. A number of other bright stars will be scattered around the sky and may become visible during the eerie twilight of totality. They include Castor ($m_v = +1.94$), Pollux ($m_v = +1.14$), and Capella ($m_v = +0.08$) to the northwest, Vega ($m_v = +0.03$) to the east and Arcturus ($m_v = -0.05$) high in the south. Star visibility requires a very dark and cloud free sky during the total phase.

At the bottom of Figure 20, a geocentric ephemeris (using Bretagnon and Simon 1986) gives the apparent positions of the naked eye planets during the eclipse. Delta is the distance of the planet from Earth (in Astronomical Units), *App. Mag.* is the apparent visual magnitude of the planet, and *Solar Elong* gives the elongation or angle between the Sun and planet.

For a map of the sky during totality from Canada, see NASA's Web site for the 2008 total solar eclipse: http://sunearth.gsfc.nasa.gov/eclipse/SEmono/TSE2008/TSE2008.html.

3.5 Contact Timings from the Path Limits

Precise timings of beading phenomena made near the northern and southern limits of the umbral path (i.e., the graze zones), may be useful in determining the diameter of the Sun relative to the Moon at the time of the eclipse. Such measurements are essential to an ongoing project to detect changes in the solar diameter.

Because of the conspicuous nature of the eclipse phenomena and their strong dependence on geographical location, scientifically useful observations can be made with relatively modest equipment. A small telescope of 3 to 5-inch (75–125 mm) aperture, portable shortwave radio, and portable camcorder comprise standard equipment used to make such measurements. Time signals are broadcast via shortwave stations such as WWV and CHU in North America (5.0, 10.0, 15.0, and 20.0 MHz are example frequencies to try for these signals around the world), and are recorded simultaneously as the eclipse is videotaped. Those using video are encouraged to use one of the Global Positioning System (GPS) video time inserters, such as the Kiwi OSD by PFD systems, www.pfdsystems.com in order to link specific Baily's bead events with lunar features.

The safest timing technique consists of observing a projection of the Sun rather than directly imaging the solar disk itself. If a video camera is not available, a tape recorder can be used to record time signals with verbal timings of each event. Inexperienced observers are cautioned to use great care in making such observations.

The method of contact timing should be described in detail, along with an estimate of the error. The precision requirements of these observations are ±0.5 s in time, 1 arc-sec (~30 m) in latitude and longitude, and ±20 m (~60 ft) in elevation. Commercially available GPS receivers are now the easiest and best way to determine one's position to the necessary accuracy. GPS receivers are also a useful source for accurate Universal Time as long as they use the one-pulse-per-second signal for timing; many receivers do not use that, so the receiver's specifications must be checked. The National Marine Electronics Association (NMEA) sequence normally used can have errors in the time display of several tenths of a second.

The observer's geodetic coordinates are best determined with a GPS receiver. Even simple hand-held models are fine if data are obtained and averaged until the latitude, longitude, and altitude output become stable. Positions can also be measured from United States Geological Survey (USGS) maps or other large scale maps as long as they conform to the accuracy requirement above. Some of these maps are available on Web sites such as www.topozone.com. Coordinates determined directly from Web sites are useful for checking, but are usually not accurate enough for eclipse timings. If a map or GPS is unavailable, then a detailed description of the observing site should be included, which provides information such as distance and directions of the nearest towns or settlements, nearby landmarks, identifiable buildings, and road intersections; digital photos of key annotated landmarks are also important.

Expeditions are coordinated by the International Occultation Timing Association (IOTA). For information on possible solar eclipse expeditions that focus on observing at the eclipse path limits, refer to www.eclipsetours.com. For specific details on equipment and observing methods for observing at the eclipse path limits, refer to www.eclipsetours.com/edge. For more information on IOTA and eclipse timings, contact:

Dr. David W. Dunham, IOTA
Johns Hopkins University/Applied Physics Lab.
MS MP3-135
11100 Johns Hopkins Rd.
Laurel, MD 20723–6099, USA
Phone: (240) 228-5609
E-mail: david.dunham@jhuapl.edu
Web Site: http://www.lunar-occultations.com/iota

Reports containing graze observations, eclipse contact, and Baily's bead timings, including those made anywhere near, or in, the path of totality or annularity can be sent to Dr. Dunham at the address listed above.

3.6 Plotting the Path on Maps

To assist hand-plotting of high-resolution maps of the umbral path, the coordinates listed in Tables 7 and 8 are provided in longitude increments of 1°. The coordinates in Table 3 define a line of maximum eclipse at 3 min increments. If observations are to be made near the limits, then the grazing eclipse zones tabulated in Table 8 should be used. A higher resolution table of graze zone coordinates at longitude increments of 7.5′ is available via the NASA 2008 total solar eclipse Web site: http://sunearth.gsfc.nasa.gov/eclipse/SEmono/TSE2008/TSE2008.html.

Global Navigation Charts (1:5,000,000), Operational Navigation Charts (scale 1:1,000,000), and Tactical Pilotage Charts (1:500,000) of the world are published by the National Imagery and Mapping Agency. Sales and distribution of these maps are through the National Ocean Service. For specific information about map availability, purchase prices, and ordering instructions, the National Ocean Service can be contacted by mail, telephone, or fax at the following:

NOAA Distribution Division, N/ACC3
National Ocean Service
Riverdale, MD 20737–1199, USA
Phone: (301) 436-8301 or (800) 638-8972
Fax: (301) 436-6829

It is also advisable to check the telephone directory for any map specialty stores in a given city or area. They often have large inventories of many maps available for immediate delivery.

4. ECLIPSE RESOURCES
4.1 IAU Working Group on Eclipses

Professional scientists are asked to send descriptions of their eclipse plans to the Working Group on Eclipses of the Solar Division of the International Astronomical Union (IAU), so they can keep a list of observations planned. Send such descriptions, even in preliminary form, to:

International Astronomical Union/
Working Group on Eclipses
Prof. Jay M. Pasachoff, Chair
Williams College–Hopkins Observatory
Williamstown, MA 01267, USA
Fax: (413) 597-3200
E-mail: eclipse@williams.edu
Web: http://www.totalsolareclipse.net,
http://www.eclipses.info

The members of the Working Group on Eclipses of the Solar Division of the IAU are: Jay M. Pasachoff (USA), Chair, Iraida S. Kim (Russia), Hiroki Kurokawa (Japan), Jagdev Singh (India), Vojtech Rusin (Slovakia), Fred Espenak (USA), Jay Anderson (Canada), Glenn Schneider (USA), and Michael Gill (UK). Yihua Yan (China), yyh@bao.ac.cn, is the director of the section of solar physics of the Beijing National Astronomical Observatory and has been added to the Working Group for the 2008 and 2009 eclipses; he is in charge of the organization of the eclipse efforts in China.

4.2 IAU Solar Eclipse Education Committee

In order to ensure that astronomers and public health authorities have access to information on safe viewing practices, the Commission on Education and Development of the IAU, set up a Program Group on Public Education at the Times of Eclipses. Under Prof. Jay M. Pasachoff, the Committee has assembled information on safe methods of observing solar eclipses, eclipse-related eye injuries, and samples of educational materials on solar eclipses (see http://www.eclipses.info).

For more information, contact Prof. Jay M. Pasachoff (contact information is found in Sect. 4.1). Information on safe solar filters can be obtained by contacting Program Group member Dr. B. Ralph Chou (bchou@sciborg.uwaterloo.ca).

4.3 Solar Eclipse Mailing List

The Solar Eclipse Mailing List (SEML) is an electronic news group dedicated to solar eclipses. Published by British eclipse chaser Michael Gill (eclipsechaser@yahoo.com), it serves as a forum for discussing anything and everything about eclipses and facilitates interaction between both the professional and amateur communities.

The SEML is hosted at URL http://groups.yahoo.com/group/SEML/. Complete instructions are available online for subscribing and unsubscribing. Up until mid-2004, the list manager of the SEML was Patrick Poitevin (solareclipsewebpages@btopenworld.com). He maintains archives of past SEML messages through July 2004 on his Web site: http://uk.geocities.com/solareclipsewebpages@btopenworld.com/ and http://www.mreclipse.com/SENL/SENLinde.htm.

4.4 The 2007 International Solar Eclipse Conference

An international conference on solar eclipses is being planned for 2007. The main objective of the gathering is to bring together professional eclipse researchers and amateur enthusiasts in a forum for the exchange of ideas, information, and plans for past and future eclipses. Previous conferences were held in Antwerp, Belgium (2000) and Milton Keynes, England (2004), the last of which had 115 delegates from 20 different countries.

The conferences are planned for years when no central eclipses occur, to avoid travel conflicts. The 2007 event is scheduled for August 24–26 at Griffith Observatory, Los Angeles, CA. The Web site for the conference (including registration information and speaker list) is: http://uk.geocities.com/solareclipsewebpages@btopenworld.com/SEC2007.html.

For more about the conference, contact the organizers (Joanne and Patrick Poitevin) at: solareclipsewebpages@btopenworld.com.

4.5 NASA Eclipse Bulletins on the Internet

To make the NASA solar eclipse bulletins accessible to as large an audience as possible, these publications are also available via the Internet. This was made possible through the efforts and expertise of Dr. Joe Gurman (GSFC/Solar Physics Branch).

NASA eclipse bulletins can be read, or downloaded via the Internet, using a Web browser (such as Netscape, Microsoft Explorer, etc.) from the GSFC Solar Data Analysis Center (SDAC) Eclipse Information home page, or from top-level Web addresses (URLs) for the currently available eclipse bulletins themselves:

Annular Solar Eclipse of 1994 May 10
— http://umbra.nascom.nasa.gov/eclipse/940510/rp.html
Total Solar Eclipse of 1994 Nov 03
— http://umbra.nascom.nasa.gov/eclipse/941103/rp.html
Total Solar Eclipse of 1995 Oct 24
— http://umbra.nascom.nasa.gov/eclipse/951024/rp.html
Total Solar Eclipse of 1997 Mar 09
— http://umbra.nascom.nasa.gov/eclipse/970309/rp.html
Total Solar Eclipse of 1998 Feb 26
— http://umbra.nascom.nasa.gov/eclipse/980226/rp.html
Total Solar Eclipse of 1999 Aug 11
— http://umbra.nascom.nasa.gov/eclipse/990811/rp.html
Total Solar Eclipse of 2001 Jun 21
— http://umbra.nascom.nasa.gov/eclipse/010621/rp.html
Total Solar Eclipse of 2002 Dec 04
— http://umbra.nascom.nasa.gov/eclipse/021204/rp.html
Solar Eclipses of 2003: May 31 & Nov 23
— http://umbra.nascom.nasa.gov/eclipse/2003/rp.html
Total Solar Eclipse of 2006 Mar 29
— http://umbra.nascom.nasa.gov/eclipse/060329/rp.html
Total Solar Eclipse of 2008 Aug 01
— http://umbra.nascom.nasa.gov/eclipse/080801/rp.html

Recent bulletins are available in both "html" and "pdf" formats. All future NASA eclipse bulletins will be available over the Internet, at or before publication of each. The primary goal is to make the bulletins available to as large an audience as possible, thus, some figures or maps may not be at their optimum resolution or format. Comments and suggestions are actively solicited to fix problems and improve on compatibility and formats.

4.6 Future Eclipse Paths on the Internet

Presently, the NASA eclipse bulletins are published 18 to 24 months before each eclipse, however, there have been a growing number of requests for eclipse path data with an even greater lead time. To accommodate the demand, predictions have been generated for all central solar eclipses from 1991 through 2030. All predictions are based on $j=2$ ephemerides for the Sun (Newcomb 1895) and Moon (Brown 1919, and Eckert et al. 1954). The value used for the Moon's secular acceleration is $\dot{n}=-26$ arcsec/cy^2 as deduced by Morrison and Ward (1975). The path coordinates are calculated with respect to the Moon's center of mass (no corrections for the Moon's center of figure). The value for ΔT (the difference between Terrestrial Dynamical Time and Universal Time) is from direct measurements during the 20th century and extrapolation into the 21st century. The value used for the Moon's mean radius is $k=0.272281$.

The umbral path characteristics have been predicted with a 1 min time interval compared to the 6 min interval used in *Fifty Year Canon of Solar Eclipses: 1986–2035* (Espenak 1987). This provides enough detail for making preliminary plots of the path on larger scale maps. Global maps using an orthographic projection also present the regions of partial and total (or annular) eclipse. The index Web page for the path tables and maps is: http://sunearth.gsfc.nasa.gov/eclipse/SEpath/SEpath.html.

4.7 NASA Web Site for 2008 Total Solar Eclipse

A special Web site has been set up to supplement this bulletin with additional predictions, tables, and data for the total solar eclipse of 2008. Some of the data posted there include an expanded version of Tables 7 and 8 (Mapping Coordinates for the Zones of Grazing Eclipse), and local circumstance tables with additional cities, as well as for astronomical observatories. Also featured will be higher resolution maps of selected sections of the path of totality and limb profile figures for other locations/times along the path. The URL of the special TSE2008 Web site is: http://sunearth.gsfc.nasa.gov/eclipse/SEmono/TSE2008/TSE2008.html.

4.8 Predictions for Eclipse Experiments

This publication provides comprehensive information on the 2008 total solar eclipse to the professional, amateur, and lay communities. Certain investigations and eclipse experiments, however, may require additional information that lies beyond the scope of this work. The authors invite the international professional community to contact them for assistance with any aspect of eclipse prediction including predictions for locations not included in this publication, or for more detailed predictions for a specific location (e.g., lunar limb profile and limb-corrected contact times for an observing site).

This service is offered for the 2008 eclipse, as well as for previous eclipses in which analysis is still in progress. To discuss individual needs and requirements, please contact Fred Espenak (espenak@gsfc.nasa.gov).

4.9 Algorithms, Ephemerides, and Parameters

Algorithms for the eclipse predictions were developed by Espenak primarily from the *Explanatory Supplement* (Her Majesty's Nautical Almanac Office, 1974) with additional algorithms from Meeus et al. (1966), and Meeus (1989). The solar and lunar ephemerides were generated from the JPL DE200 and LE200, respectively. All eclipse calculations were made using a value for the Moon's radius of $k=0.2722810$ for umbral contacts, and $k=0.2725076$ (adopted IAU value) for penumbral contacts. Center of mass coordinates were used except where noted. Extrapolating from 2006 to 2008, a value for ΔT of 65.3 s was used to convert the predictions from Terrestrial Dynamical Time to Universal Time. The international convention of presenting date and time in descending order has been used throughout the bulletin (i.e., year, month, day, hour, minute, second).

The primary source for geographic coordinates used in the local circumstances tables is *The New International Atlas* (Rand McNally 1991). Elevations for major cities were taken from *Climates of the World* (U.S. Dept. of Commerce 1972). The names and spellings of countries, cities, and other geopolitical regions are not authoritative, nor do they imply any official recognition in status. Corrections to names, geographic coordinates, and elevations are actively solicited in order to update the database for future eclipse bulletins.

AUTHOR'S NOTE

All eclipse predictions presented in this publication were generated on a Macintosh iMac G4 800 MHz computer. All calculations, diagrams, and opinions presented in this publication are those of the authors and they assume full responsibility for their accuracy.

TABLES

TABLE 1

ELEMENTS OF THE TOTAL SOLAR ECLIPSE OF 2008 AUGUST 01

Equatorial Conjunction:	09:48:26.72 TDT	J.D. = 2454679.908643	
(Sun & Moon in R.A.)	(=09:47:21.40 UT)		
Ecliptic Conjunction:	10:13:38.78 TDT	J.D. = 2454679.926143	
(Sun & Moon in Long.)	(=10:12:33.46 UT)		
Instant of	10:22:12.15 TDT	J.D. = 2454679.932085	
Greatest Eclipse:	(=10:21:06.82 UT)		

Geocentric Coordinates of Sun & Moon at Greatest Eclipse (DE200/LE200):

Sun:	R.A. = 08h47m54.149s		Moon:	R.A. = 08h49m08.757s	
	Dec. = +17°51'56.39"			Dec. = +18°38'01.54"	
Semi-Diameter =	15'45.50"		Semi-Diameter =	16'14.12"	
Eq.Hor.Par. =	08.66"		Eq.Hor.Par. =	0°59'34.82"	
Δ R.A. =	9.694s/h		Δ R.A. =	142.347s/h	
Δ Dec. =	-38.19"/h		Δ Dec. =	-762.64"/h	

Lunar Radius	k_1 = 0.2725076 (Penumbra)	Shift in	Δb = 0.00"
Constants:	k_2 = 0.2722810 (Umbra)	Lunar Position:	Δl = 0.00"

Geocentric Libration:	l = 4.2°	Brown Lun. No. = 1059
(Optical + Physical)	b = -1.0°	Saros Series = 126 (47/72)
	c = 14.0°	nDot = -26.00 "/cy**2

Eclipse Magnitude = 1.03942   Gamma = 0.83071 ΔT = 65.3 s

Polynomial Besselian Elements for: 2008 Aug 01   10:00:00.0 TDT   (=t_0)

n	x	y	d	l_1	l_2	μ
0	0.1017945	0.8506194	17.8675385	0.5382522	-0.0078656	328.422546
1	0.5285779	-0.2025230	-0.0101205	0.0001111	0.0001105	15.002012
2	-0.0000634	-0.0001512	-0.0000038	-0.0000120	-0.0000120	0.000002
3	-0.0000081	0.0000033	0.0000000	0.0000000	0.0000000	0.000000

Tan f_1 = 0.0046066   Tan f_2 = 0.0045836

At time t1 (decimal hours), each Besselian element is evaluated by:

$a = a_0 + a_1 * t + a_2 * t^2 + a_3 * t^3$ (or $a = \sum [a_n * t^n]$; n = 0 to 3)

where: a = x, y, d, l_1, l_2, or μ
         t = t_1 - t_0 (decimal hours) and t_0 = 10.000 TDT

The Besselian elements were derived from a least-squares fit to elements calculated at five uniformly spaced times over a six hour period centered at t_0. Thus the Besselian elements are valid over the period 7.00 ≤ t_1 ≤ 13.00 TDT.

Note that all times are expressed in Terrestrial Dynamical Time (TDT).

Saros Series 126:   Member 47 of 72 eclipses in series.

TABLE 2

SHADOW CONTACTS AND CIRCUMSTANCES
TOTAL SOLAR ECLIPSE OF 2008 AUGUST 01

$$\Delta T = 65.3 \text{ s}$$
$$= 000°16'22.6"$$

		Terrestrial Dynamical Time h m s	Latitude	Ephemeris Longitude†	True Longitude*
External/Internal Contacts of Penumbra:	P_1	08:05:11.4	50°12.6'N	052°30.9'W	052°14.5'W
	P_4	12:39:31.4	11°10.0'N	085°20.0'E	085°36.4'E
Extreme North/South Limits of Penumbral Path:	N_1	08:33:37.6	36°15.9'N	050°31.1'W	050°14.7'W
	S_1	12:10:58.3	03°34.5'S	087°40.7'E	087°57.0'E
External/Internal Contacts of Umbra:	U_1	09:22:12.5	67°53.9'N	101°32.7'W	101°16.4'W
	U_2	09:25:15.5	68°39.8'N	105°22.9'W	105°06.5'W
	U_3	11:19:32.9	34°07.4'N	114°17.7'E	114°34.1'E
	U_4	11:22:31.0	32°52.7'N	112°57.7'E	113°14.1'E
Extreme North/South Limits of Umbral Path:	N_1	09:25:04.0	68°44.1'N	105°38.4'W	105°22.1'W
	S_1	09:22:24.7	67°49.1'N	101°17.9'W	101°01.5'W
	N_2	11:19:44.2	34°14.7'N	114°18.4'E	114°34.8'E
	S_2	11:22:19.1	32°45.1'N	112°57.2'E	113°13.5'E
Extreme Limits of Central Line:	C_1	09:23:43.2	68°16.9'N	103°24.5'W	103°08.1'W
	C_2	11:21:02.8	33°29.4'N	113°37.1'E	113°53.5'E
Instant of Greatest Eclipse:	G_0	10:22:12.1	65°39.2'N	072°01.7'E	072°18.0'E
Circumstances at Greatest Eclipse:		Sun's Altitude = 33.5° Sun's Azimuth = 235.2°		Path Width = 236.9 km Central Duration = 02m27.1s	

† Ephemeris Longitude is the terrestrial dynamical longitude assuming a uniformly rotating Earth.
* True Longitude is calculated by correcting the Ephemeris Longitude for the non-uniform rotation of Earth.
  (T.L. = E.L. + 1.002738*ΔT/240, where ΔT(in seconds) = TDT - UT)

Note: Longitude is measured positive to the East.

Because ΔT is not known in advance, the value used in the predictions is an extrapolation based on pre-2007 measurements. The actual value is expected to fall within ±0.2 seconds of the estimated ΔT used here.

Total Solar Eclipse of 2008 August 01

TABLE 3

PATH OF THE UMBRAL SHADOW
TOTAL SOLAR ECLIPSE OF 2008 AUGUST 01

Universal Time	Northern Limit Latitude	Northern Limit Longitude	Southern Limit Latitude	Southern Limit Longitude	Central Line Latitude	Central Line Longitude	Sun Alt °	Path Width km	Central Durat.
Limits	68°44.1'N	105°22.1'W	67°49.1'N	101°01.5'W	68°16.9'N	103°08.2'W	0	206	01m29.9s
09:24	69°20.0'N	104°20.4'W	75°41.1'N	082°13.1'W	73°56.9'N	091°31.6'W	7	213	01m40.5s
09:27	77°08.3'N	087°54.5'W	78°56.4'N	068°52.0'W	78°17.2'N	078°27.6'W	12	217	01m49.3s
09:30	80°32.0'N	075°34.7'W	81°02.4'N	053°57.7'W	80°58.4'N	064°37.5'W	16	219	01m55.3s
09:33	82°51.7'N	060°03.5'W	82°18.0'N	036°32.8'W	82°44.3'N	047°29.0'W	18	221	02m00.1s
09:36	84°18.5'N	038°58.1'W	82°47.2'N	017°38.7'W	83°38.8'N	026°44.8'W	21	222	02m04.2s
09:39	84°47.0'N	013°29.5'W	82°35.6'N	000°11.9'E	83°42.9'N	005°16.0'W	22	223	02m07.8s
09:42	84°20.7'N	009°52.7'E	81°53.8'N	014°59.8'E	83°06.6'N	012°59.5'E	24	224	02m10.9s
09:45	83°19.1'N	026°54.4'E	80°53.4'N	026°26.3'E	82°05.2'N	026°41.0'E	26	224	02m13.6s
09:48	82°00.4'N	038°27.5'E	79°42.3'N	035°08.7'E	80°50.6'N	036°36.7'E	27	225	02m16.0s
09:51	80°34.5'N	046°28.6'E	78°25.7'N	041°51.3'E	79°29.8'N	043°56.1'E	28	226	02m18.2s
09:54	79°06.1'N	052°19.1'E	77°06.3'N	047°09.1'E	78°06.2'N	049°31.0'E	29	227	02m20.1s
09:57	77°37.3'N	056°46.7'E	75°45.7'N	051°26.3'E	76°41.6'N	053°55.0'E	30	228	02m21.7s
10:00	76°08.8'N	060°19.7'E	74°24.7'N	054°59.7'E	75°17.1'N	057°29.8'E	31	229	02m23.1s
10:03	74°41.2'N	063°15.1'E	73°03.9'N	058°00.6'E	73°52.9'N	060°29.4'E	32	230	02m24.3s
10:06	73°14.7'N	065°43.6'E	71°43.4'N	060°36.9'E	72°29.5'N	063°03.1'E	32	231	02m25.3s
10:09	71°49.1'N	067°52.5'E	70°23.4'N	062°54.5'E	71°06.7'N	065°17.3'E	33	232	02m26.0s
10:12	70°24.5'N	069°46.5'E	69°03.8'N	064°57.4'E	69°44.7'N	067°16.6'E	33	233	02m26.6s
10:15	69°00.7'N	071°29.3'E	67°44.8'N	066°48.7'E	68°23.3'N	069°04.3'E	33	234	02m27.0s
10:18	67°37.7'N	073°03.5'E	66°26.2'N	068°30.9'E	67°02.5'N	070°43.0'E	33	236	02m27.1s
10:21	66°15.4'N	074°30.9'E	65°08.0'N	070°05.8'E	65°42.3'N	072°14.7'E	34	237	02m27.1s
10:24	64°53.5'N	075°53.2'E	63°50.1'N	071°34.9'E	64°22.4'N	073°40.7'E	33	238	02m26.9s
10:27	63°32.1'N	077°11.5'E	62°32.4'N	072°59.4'E	63°02.8'N	075°02.5'E	33	240	02m26.5s
10:30	62°10.9'N	078°27.0'E	61°14.8'N	074°20.5'E	61°43.5'N	076°21.0'E	33	241	02m25.9s
10:33	60°49.8'N	079°40.5'E	59°57.2'N	075°38.9'E	60°24.1'N	077°37.2'E	33	243	02m25.2s
10:36	59°28.7'N	080°52.8'E	58°39.5'N	076°55.6'E	59°04.7'N	078°51.9'E	32	244	02m24.2s
10:39	58°07.3'N	082°04.7'E	57°21.5'N	078°11.2'E	57°45.1'N	080°05.8'E	32	245	02m23.0s
10:42	56°45.6'N	083°16.9'E	56°03.2'N	079°26.5'E	56°25.1'N	081°19.7'E	31	247	02m21.7s
10:45	55°23.3'N	084°30.2'E	54°44.3'N	080°42.2'E	55°04.5'N	082°34.3'E	30	248	02m20.1s
10:48	54°00.2'N	085°45.3'E	53°24.7'N	081°59.0'E	53°43.1'N	083°50.3'E	29	249	02m18.3s
10:51	52°35.9'N	087°03.1'E	52°04.1'N	083°17.8'E	52°20.8'N	085°08.6'E	28	250	02m16.3s
10:54	51°10.3'N	088°24.8'E	50°42.2'N	084°39.4'E	50°57.1'N	086°30.2'E	27	251	02m14.1s
10:57	49°42.7'N	089°51.4'E	49°18.8'N	086°04.9'E	49°31.6'N	087°56.3'E	26	252	02m11.6s
11:00	48°12.8'N	091°24.8'E	47°53.4'N	087°35.7'E	48°04.0'N	089°28.2'E	25	252	02m08.8s
11:03	46°39.6'N	093°07.3'E	46°25.3'N	089°13.4'E	46°33.5'N	091°08.1'E	23	251	02m05.7s
11:06	45°02.0'N	095°02.1'E	44°53.9'N	091°00.7'E	44°59.2'N	092°58.8'E	21	250	02m02.2s
11:09	43°18.1'N	097°14.9'E	43°17.9'N	093°01.0'E	43°19.5'N	095°04.7'E	19	247	01m58.2s
11:12	41°24.4'N	099°55.9'E	41°35.2'N	095°20.5'E	41°31.9'N	097°33.5'E	16	243	01m53.6s
11:15	39°12.5'N	103°29.5'E	39°42.1'N	098°10.7'E	39°30.8'N	100°41.5'E	13	236	01m47.9s
11:18	36°03.7'N	109°50.0'E	37°28.8'N	101°59.9'E	36°59.6'N	105°18.3'E	8	224	01m40.2s
Limits	34°14.7'N	114°34.8'E	32°45.1'N	113°13.5'E	33°29.4'N	113°53.5'E	0	200	01m27.9s

TABLE 4

PHYSICAL EPHEMERIS OF THE UMBRAL SHADOW
TOTAL SOLAR ECLIPSE OF 2008 AUGUST 01

Universal Time	Central Line Latitude	Central Line Longitude	Diameter Ratio	Eclipse Obscur.	Sun Alt °	Sun Azm °	Path Width km	Major Axis km	Minor Axis km	Umbra Veloc. km/s	Central Durat.
09:22.6	68°16.9'N	103°08.2'W	1.0299	1.0607	0.0	34.0	205.7	-	101.1	-	01m29.9s
09:24	73°56.9'N	091°31.6'W	1.0320	1.0650	6.8	45.3	213.4	924.4	108.0	0.602	01m40.5s
09:27	78°17.2'N	078°27.6'W	1.0336	1.0684	12.1	59.0	217.4	545.6	113.3	0.582	01m49.3s
09:30	80°58.4'N	064°37.5'W	1.0346	1.0705	15.5	73.7	219.4	437.6	116.6	0.568	01m55.3s
09:33	82°44.3'N	047°29.0'W	1.0354	1.0721	18.3	91.8	220.8	381.9	119.2	0.558	02m00.1s
09:36	83°38.8'N	026°44.8'W	1.0361	1.0735	20.5	113.7	221.8	347.0	121.3	0.550	02m04.2s
09:39	83°42.9'N	005°16.0'W	1.0366	1.0746	22.5	136.3	222.7	322.7	123.1	0.542	02m07.8s
09:42	83°06.6'N	012°59.5'E	1.0371	1.0756	24.2	155.9	223.5	304.8	124.7	0.536	02m10.9s
09:45	82°05.2'N	026°41.0'E	1.0375	1.0765	25.7	170.9	224.3	291.0	126.0	0.531	02m13.6s
09:48	80°50.6'N	036°36.7'E	1.0379	1.0772	27.0	182.2	225.1	280.2	127.1	0.527	02m16.0s
09:51	79°29.8'N	043°56.1'E	1.0382	1.0778	28.2	190.9	225.9	271.4	128.1	0.523	02m18.2s
09:54	78°06.2'N	049°31.0'E	1.0385	1.0784	29.2	198.0	226.8	264.3	129.0	0.519	02m20.1s
09:57	76°41.6'N	053°55.0'E	1.0387	1.0789	30.2	203.9	227.7	258.5	129.7	0.516	02m21.7s
10:00	75°17.1'N	057°29.8'E	1.0389	1.0793	30.9	209.0	228.7	253.7	130.4	0.514	02m23.1s
10:03	73°52.9'N	060°29.4'E	1.0390	1.0796	31.6	213.6	229.7	249.8	130.9	0.512	02m24.3s
10:06	72°29.5'N	063°03.1'E	1.0392	1.0799	32.2	217.7	230.7	246.6	131.3	0.510	02m25.3s
10:09	71°06.7'N	065°17.3'E	1.0393	1.0801	32.7	221.6	231.9	244.1	131.6	0.509	02m26.0s
10:12	69°44.7'N	067°16.6'E	1.0394	1.0803	33.0	225.2	233.0	242.1	131.9	0.508	02m26.6s
10:15	68°23.3'N	069°04.3'E	1.0394	1.0804	33.3	228.6	234.3	240.7	132.0	0.507	02m27.0s
10:18	67°02.5'N	070°43.0'E	1.0394	1.0804	33.4	231.9	235.5	239.8	132.1	0.507	02m27.1s
10:21	65°42.3'N	072°14.7'E	1.0394	1.0804	33.5	235.1	236.9	239.4	132.1	0.507	02m27.1s
10:24	64°22.4'N	073°40.7'E	1.0394	1.0803	33.5	238.1	238.2	239.5	132.0	0.507	02m26.9s
10:27	63°02.8'N	075°02.5'E	1.0393	1.0802	33.3	241.1	239.6	240.1	131.8	0.508	02m26.5s
10:30	61°43.5'N	076°21.0'E	1.0392	1.0800	33.1	244.0	241.1	241.1	131.5	0.509	02m25.9s
10:33	60°24.1'N	077°37.2'E	1.0391	1.0798	32.8	246.8	242.5	242.7	131.2	0.510	02m25.2s
10:36	59°04.7'N	078°51.9'E	1.0390	1.0795	32.3	249.5	244.0	244.8	130.8	0.512	02m24.2s
10:39	57°45.1'N	080°05.8'E	1.0388	1.0792	31.8	252.2	245.4	247.6	130.2	0.514	02m23.0s
10:42	56°25.1'N	081°19.7'E	1.0386	1.0788	31.1	254.8	246.8	251.0	129.6	0.516	02m21.7s
10:45	55°04.5'N	082°34.3'E	1.0384	1.0783	30.3	257.4	248.1	255.3	128.9	0.519	02m20.1s
10:48	53°43.1'N	083°50.3'E	1.0382	1.0778	29.5	260.0	249.3	260.6	128.0	0.522	02m18.3s
10:51	52°20.8'N	085°08.6'E	1.0379	1.0771	28.4	262.5	250.3	267.1	127.0	0.525	02m16.3s
10:54	50°57.1'N	086°30.2'E	1.0375	1.0764	27.3	264.9	251.1	275.0	125.9	0.529	02m14.1s
10:57	49°31.6'N	087°56.3'E	1.0371	1.0756	26.0	267.4	251.6	284.9	124.7	0.534	02m11.6s
11:00	48°04.0'N	089°28.2'E	1.0367	1.0747	24.5	269.8	251.6	297.5	123.3	0.539	02m08.8s
11:03	46°33.5'N	091°08.1'E	1.0362	1.0737	22.9	272.2	250.9	313.8	121.7	0.545	02m05.7s
11:06	44°59.2'N	092°58.8'E	1.0356	1.0725	21.0	274.7	249.5	335.7	119.8	0.551	02m02.2s
11:09	43°19.5'N	095°04.7'E	1.0350	1.0711	18.8	277.2	246.9	366.8	117.7	0.559	01m58.2s
11:12	41°31.9'N	097°33.5'E	1.0342	1.0695	16.1	279.8	242.6	415.3	115.0	0.569	01m53.6s
11:15	39°30.8'N	100°41.5'E	1.0331	1.0674	12.9	282.7	235.8	504.6	111.7	0.581	01m47.9s
11:18	36°59.6'N	105°18.3'E	1.0317	1.0644	8.1	286.3	223.6	760.8	107.0	0.598	01m40.2s
11:20.0	33°29.4'N	113°53.5'E	1.0292	1.0592	0.0	291.6	199.6	-	98.8	-	01m27.9s

Table 5

Local Circumstances on the Central Line
Total Solar Eclipse of 2008 August 01

Central Line Maximum Eclipse			First Contact				Second Contact			Third Contact			Fourth Contact			
U.T.	Durat.	Alt	U.T.	P	V	Alt	U.T.	P	V	U.T.	P	V	U.T.	P	V	Alt
09:24	01m40.5s	7	08:31:20	288	297	5	09:23:10	108	120	09:24:50	288	300	10:17:47	108	122	10
09:27	01m49.3s	12	08:32:23	289	298	10	09:26:05	109	119	09:27:55	289	299	10:22:39	109	121	15
09:30	01m55.3s	16	08:34:02	289	298	14	09:29:02	109	119	09:30:58	289	299	10:26:54	110	119	18
09:33	02m00.1s	18	08:35:54	290	297	17	09:32:00	110	118	09:34:00	290	298	10:30:53	110	118	20
09:36	02m04.2s	21	08:37:56	290	297	19	09:34:58	111	117	09:37:02	291	297	10:34:41	111	116	22
09:39	02m07.8s	23	08:40:05	291	297	21	09:37:56	111	116	09:40:04	291	296	10:38:22	111	115	23
09:42	02m10.9s	24	08:42:19	291	296	23	09:40:55	112	115	09:43:05	292	295	10:41:56	112	113	25
09:45	02m13.6s	26	08:44:37	292	296	25	09:43:53	112	114	09:46:07	292	293	10:45:26	112	111	26
09:48	02m16.0s	27	08:46:59	292	295	27	09:46:52	113	112	09:49:08	293	292	10:48:51	113	110	27
09:51	02m18.2s	28	08:49:24	293	294	28	09:49:51	113	111	09:52:09	293	291	10:52:13	113	108	27
09:54	02m20.1s	29	08:51:53	293	293	30	09:52:50	114	110	09:55:10	294	290	10:55:31	114	107	28
09:57	02m21.7s	30	08:54:25	294	292	31	09:55:49	114	108	09:58:11	294	288	10:58:45	114	105	28
10:00	02m23.1s	31	08:56:59	294	291	32	09:58:48	114	107	10:01:12	294	287	11:01:57	114	103	29
10:03	02m24.3s	32	08:59:37	295	290	33	10:01:48	115	105	10:04:12	295	285	11:05:05	115	102	29
10:06	02m25.3s	32	09:02:17	295	289	35	10:04:47	115	104	10:07:13	295	284	11:08:11	115	100	29
10:09	02m26.0s	33	09:05:00	295	287	35	10:07:47	115	102	10:10:13	295	282	11:11:15	115	98	29
10:12	02m26.6s	33	09:07:45	296	286	36	10:10:47	116	101	10:13:13	296	281	11:14:16	116	97	29
10:15	02m27.0s	33	09:10:34	296	285	37	10:13:46	116	99	10:16:13	296	279	11:17:15	116	95	29
10:18	02m27.1s	33	09:13:24	296	283	38	10:16:46	116	97	10:19:13	296	277	11:20:11	116	94	28
10:21	02m27.1s	34	09:16:18	297	281	38	10:19:46	117	96	10:22:13	297	276	11:23:05	116	92	28
10:24	02m26.9s	33	09:19:14	297	280	39	10:22:46	117	94	10:25:13	297	274	11:25:57	116	90	27
10:27	02m26.5s	33	09:22:12	297	278	39	10:25:47	117	92	10:28:13	297	272	11:28:47	117	89	27
10:30	02m25.9s	33	09:25:13	298	276	39	10:28:47	117	91	10:31:13	297	270	11:31:35	117	87	26
10:33	02m25.2s	33	09:28:17	298	274	40	10:31:47	117	89	10:34:12	297	269	11:34:21	117	86	26
10:36	02m24.2s	32	09:31:24	298	272	40	10:34:48	118	87	10:37:12	298	267	11:37:04	117	84	25
10:39	02m23.0s	32	09:34:34	298	270	40	10:37:48	118	85	10:40:11	298	265	11:39:46	117	83	24
10:42	02m21.7s	31	09:37:46	298	268	39	10:40:49	118	84	10:43:11	298	264	11:42:25	117	82	23
10:45	02m20.1s	30	09:41:02	299	266	39	10:43:50	118	82	10:46:10	298	262	11:45:03	117	80	22
10:48	02m18.3s	29	09:44:21	299	264	38	10:46:51	118	80	10:49:09	298	260	11:47:38	117	79	21
10:51	02m16.3s	28	09:47:43	299	262	38	10:49:52	118	78	10:52:08	298	258	11:50:11	117	77	19
10:54	02m14.1s	27	09:51:08	299	260	37	10:52:53	118	77	10:55:07	298	257	11:52:41	117	76	18
10:57	02m11.6s	26	09:54:38	299	258	36	10:55:54	118	75	10:58:06	298	255	11:55:09	117	75	17
11:00	02m08.8s	25	09:58:11	299	255	35	10:58:55	118	73	11:01:04	298	253	11:57:33	117	73	15
11:03	02m05.7s	23	10:01:50	299	253	33	11:01:57	118	72	11:04:03	298	252	11:59:54	117	72	13
11:06	02m02.2s	21	10:05:34	299	251	32	11:04:59	118	70	11:07:01	298	250	12:02:11	117	71	11
11:09	01m58.2s	19	10:09:26	299	249	30	11:08:01	118	68	11:09:59	298	248	12:04:23	117	69	9
11:12	01m53.6s	16	10:13:27	298	246	27	11:11:03	117	66	11:12:57	297	246	12:06:28	116	68	6
11:15	01m47.9s	13	10:17:42	298	244	24	11:14:06	117	64	11:15:54	297	245	12:08:21	116	66	3
11:18	01m40.2s	8	10:22:28	297	241	19	11:17:10	116	62	11:18:50	296	242	-	-	-	-

TABLE 6

TOPOCENTRIC DATA AND PATH CORRECTIONS DUE TO LUNAR LIMB PROFILE
TOTAL SOLAR ECLIPSE OF 2008 AUGUST 01

Universal Time	Moon Topo H.P. "	Moon Topo S.D. "	Moon Rel. Ang.V "/s	Topo Lib. Long °	Sun Alt. °	Sun Az. °	Path Az. °	North Limit P.A. °	North Limit Int. '	North Limit Ext. '	South Limit Int. '	South Limit Ext. '	Central Durat. Corr. s
09:24	3583.6	975.8	0.602	4.61	6.8	45.3	33.6	17.8	0.2	1.9	1.6	-8.1	0.2
09:27	3589.1	977.3	0.582	4.59	12.1	59.0	38.5	18.7	0.4	2.6	1.1	-5.9	0.1
09:30	3592.7	978.3	0.568	4.56	15.5	73.7	47.5	19.5	0.5	2.6	0.8	-5.1	-0.0
09:33	3595.5	979.0	0.558	4.54	18.3	91.8	61.0	20.1	0.6	2.3	0.5	-4.7	-0.1
09:36	3597.7	979.6	0.550	4.51	20.5	113.7	78.8	20.6	0.6	2.0	0.3	-4.4	-0.2
09:39	3599.7	980.2	0.542	4.48	22.5	136.3	97.9	21.2	0.7	2.0	0.2	-4.4	-0.5
09:42	3601.3	980.6	0.536	4.46	24.2	155.9	114.1	21.7	0.8	2.2	0.0	-4.6	-0.5
09:45	3602.7	981.0	0.531	4.43	25.7	170.9	125.9	22.2	1.0	2.3	-0.1	-4.9	-0.6
09:48	3604.0	981.3	0.527	4.41	27.0	182.2	134.2	22.6	1.2	2.3	-0.3	-5.9	-0.6
09:51	3605.1	981.6	0.523	4.38	28.2	190.9	140.0	23.1	1.4	2.8	-0.5	-7.2	-0.6
09:54	3606.0	981.9	0.519	4.36	29.2	198.0	144.2	23.5	1.6	3.2	-0.7	-8.5	-0.7
09:57	3606.8	982.1	0.516	4.33	30.2	203.9	147.3	23.9	1.8	3.5	-1.0	-9.7	-0.7
10:00	3607.5	982.3	0.514	4.31	30.9	209.0	149.5	24.3	1.9	3.7	-1.3	-10.8	-0.7
10:03	3608.0	982.4	0.512	4.28	31.6	213.6	151.3	24.7	2.0	3.7	-1.7	-11.7	-1.0
10:06	3608.5	982.6	0.510	4.25	32.2	217.7	152.6	25.0	2.1	3.6	-1.9	-12.4	-1.0
10:09	3608.9	982.7	0.509	4.23	32.7	221.6	153.6	25.4	2.2	3.4	-1.9	-12.9	-0.9
10:12	3609.1	982.7	0.508	4.20	33.0	225.2	154.4	25.7	2.2	3.3	-1.9	-13.2	-0.9
10:15	3609.3	982.8	0.507	4.18	33.3	228.6	155.0	26.0	2.2	3.6	-1.9	-13.3	-0.9
10:18	3609.4	982.8	0.507	4.15	33.4	231.9	155.3	26.3	2.2	3.7	-1.8	-13.4	-0.9
10:21	3609.4	982.8	0.507	4.13	33.5	235.1	155.5	26.5	2.1	3.7	-1.8	-13.8	-0.9
10:24	3609.3	982.8	0.507	4.10	33.5	238.1	155.6	26.8	2.0	4.0	-1.8	-14.1	-0.9
10:27	3609.1	982.7	0.508	4.08	33.3	241.1	155.5	27.0	2.1	4.1	-1.7	-14.1	-1.0
10:30	3608.8	982.6	0.509	4.05	33.1	244.0	155.3	27.2	2.0	4.4	-1.7	-14.1	-1.0
10:33	3608.4	982.5	0.510	4.03	32.8	246.8	154.9	27.4	1.9	4.5	-1.7	-14.0	-1.0
10:36	3607.9	982.4	0.512	4.00	32.3	249.5	154.4	27.6	1.9	4.6	-1.6	-13.9	-0.9
10:39	3607.4	982.2	0.514	3.97	31.8	252.2	153.7	27.8	1.8	4.6	-1.6	-13.6	-0.9
10:42	3606.7	982.1	0.516	3.95	31.1	254.8	152.9	27.9	1.7	4.6	-1.6	-13.3	-0.9
10:45	3605.9	981.8	0.519	3.92	30.3	257.4	152.0	28.0	1.7	4.5	-1.5	-12.9	-0.9
10:48	3605.0	981.6	0.522	3.90	29.5	260.0	150.9	28.1	1.6	4.2	-1.5	-12.5	-0.6
10:51	3603.9	981.3	0.525	3.87	28.4	262.5	149.6	28.1	1.5	4.1	-1.5	-12.1	-0.6
10:54	3602.7	981.0	0.529	3.85	27.3	264.9	148.1	28.1	1.5	4.0	-1.4	-11.7	-0.6
10:57	3601.4	980.6	0.534	3.82	26.0	267.4	146.3	28.1	1.4	3.9	-1.3	-11.3	-0.6
11:00	3599.9	980.2	0.539	3.80	24.5	269.8	144.3	28.1	1.4	3.7	-1.3	-10.9	-0.6
11:03	3598.1	979.7	0.545	3.77	22.9	272.2	142.0	28.0	1.3	3.6	-1.2	-10.5	-0.7
11:06	3596.1	979.2	0.551	3.75	21.0	274.7	139.4	27.8	1.3	3.4	-1.2	-10.1	-0.7
11:09	3593.8	978.6	0.559	3.72	18.8	277.2	136.3	27.6	1.2	3.1	-1.1	-9.7	-0.7
11:12	3591.0	977.8	0.569	3.69	16.1	279.8	132.6	27.4	1.1	2.8	-1.1	-9.2	-0.6
11:15	3587.5	976.8	0.581	3.67	12.9	282.7	128.0	27.0	1.1	2.3	-1.1	-8.5	-0.6
11:18	3582.4	975.5	0.598	3.64	8.1	286.3	121.7	26.3	1.0	2.1	-1.0	-7.7	-0.7

TABLE 7

MAPPING COORDINATES FOR THE UMBRAL PATH
TOTAL SOLAR ECLIPSE OF 2006 AUGUST 01

Longitude	Latitude of:			Circumstances on Central Line				
	Northern Limit	Southern Limit	Central Line	Universal Time h m s	Sun Alt °	Sun Az. °	Path Width km	Central Durat.
103°00.0'W	70°06.11'N	–	–	–	–	–	–	–
102°00.0'W	70°39.82'N	–	68°54.04'N	09:22:39	0.7	35.0	206.7	01m31.0s
101°00.0'W	71°12.86'N	–	69°26.17'N	09:22:41	1.4	36.0	207.5	01m32.0s
100°00.0'W	71°45.18'N	68°20.79'N	69°57.71'N	09:22:45	2.0	36.9	208.3	01m33.0s
099°00.0'W	72°16.74'N	68°51.05'N	70°28.62'N	09:22:50	2.6	37.9	209.1	01m33.9s
098°00.0'W	72°47.49'N	69°20.76'N	70°58.87'N	09:22:57	3.2	38.9	209.8	01m34.9s
097°00.0'W	73°17.42'N	69°49.88'N	71°28.43'N	09:23:04	3.8	39.8	210.4	01m35.8s
096°00.0'W	73°46.47'N	70°18.38'N	71°57.27'N	09:23:12	4.4	40.8	211.1	01m36.7s
095°00.0'W	74°14.64'N	70°46.25'N	72°25.36'N	09:23:22	5.0	41.8	211.6	01m37.6s
094°00.0'W	74°41.91'N	71°13.45'N	72°52.68'N	09:23:32	5.5	42.8	212.2	01m38.5s
093°00.0'W	75°08.27'N	71°39.98'N	73°19.22'N	09:23:43	6.1	43.8	212.7	01m39.3s
092°00.0'W	75°33.70'N	72°05.81'N	73°44.96'N	09:23:54	6.6	44.8	213.2	01m40.2s
091°00.0'W	75°58.22'N	72°30.94'N	74°09.91'N	09:24:06	7.1	45.9	213.7	01m41.0s
090°00.0'W	76°21.82'N	72°55.36'N	74°34.05'N	09:24:19	7.5	46.9	214.1	01m41.8s
089°00.0'W	76°44.52'N	73°19.06'N	74°57.38'N	09:24:32	8.0	47.9	214.5	01m42.5s
088°00.0'W	77°06.33'N	73°42.04'N	75°19.92'N	09:24:46	8.5	49.0	214.8	01m43.3s
087°00.0'W	77°27.27'N	74°04.31'N	75°41.67'N	09:24:59	8.9	50.0	215.2	01m44.0s
086°00.0'W	77°47.35'N	74°25.86'N	76°02.63'N	09:25:13	9.3	51.0	215.5	01m44.7s
085°00.0'W	78°06.60'N	74°46.70'N	76°22.83'N	09:25:27	9.7	52.1	215.8	01m45.4s
084°00.0'W	78°25.04'N	75°06.85'N	76°42.27'N	09:25:41	10.1	53.1	216.1	01m46.0s
083°00.0'W	78°42.70'N	75°26.30'N	77°00.98'N	09:25:56	10.5	54.2	216.4	01m46.7s
082°00.0'W	78°59.61'N	75°45.08'N	77°18.96'N	09:26:10	10.9	55.2	216.6	01m47.3s
081°00.0'W	79°15.79'N	76°03.20'N	77°36.25'N	09:26:24	11.2	56.3	216.9	01m47.9s
080°00.0'W	79°31.27'N	76°20.67'N	77°52.87'N	09:26:38	11.6	57.3	217.1	01m48.4s
079°00.0'W	79°46.07'N	76°37.51'N	78°08.82'N	09:26:52	11.9	58.4	217.3	01m49.0s
078°00.0'W	80°00.23'N	76°53.73'N	78°24.14'N	09:27:06	12.2	59.5	217.5	01m49.5s
076°00.0'W	80°26.73'N	77°24.40'N	78°52.97'N	09:27:34	12.8	61.6	217.9	01m50.6s
074°00.0'W	80°50.96'N	77°52.81'N	79°19.52'N	09:28:01	13.4	63.7	218.2	01m51.5s
072°00.0'W	81°13.13'N	78°19.11'N	79°43.96'N	09:28:28	13.9	65.8	218.5	01m52.4s
070°00.0'W	81°33.41'N	78°43.45'N	80°06.45'N	09:28:54	14.4	68.0	218.8	01m53.3s
068°00.0'W	81°51.98'N	79°05.95'N	80°27.16'N	09:29:19	14.8	70.1	219.1	01m54.1s
066°00.0'W	82°09.00'N	79°26.75'N	80°46.21'N	09:29:44	15.3	72.2	219.3	01m54.8s
064°00.0'W	82°24.59'N	79°45.98'N	81°03.76'N	09:30:07	15.7	74.3	219.5	01m55.5s
062°00.0'W	82°38.89'N	80°03.74'N	81°19.91'N	09:30:30	16.0	76.5	219.7	01m56.2s
060°00.0'W	82°52.01'N	80°20.14'N	81°34.77'N	09:30:53	16.4	78.6	219.9	01m56.8s
058°00.0'W	83°04.05'N	80°35.28'N	81°48.46'N	09:31:15	16.7	80.7	220.0	01m57.4s
056°00.0'W	83°15.10'N	80°49.26'N	82°01.06'N	09:31:36	17.0	82.8	220.2	01m58.0s
054°00.0'W	83°25.25'N	81°02.14'N	82°12.65'N	09:31:56	17.4	84.9	220.3	01m58.5s
052°00.0'W	83°34.55'N	81°14.02'N	82°23.30'N	09:32:16	17.6	87.0	220.5	01m59.0s
050°00.0'W	83°43.08'N	81°24.95'N	82°33.09'N	09:32:36	17.9	89.2	220.6	01m59.5s
048°00.0'W	83°50.89'N	81°35.00'N	82°42.08'N	09:32:55	18.2	91.3	220.7	02m00.0s
046°00.0'W	83°58.04'N	81°44.22'N	82°50.31'N	09:33:14	18.4	93.4	220.9	02m00.5s
044°00.0'W	84°04.57'N	81°52.67'N	82°57.84'N	09:33:32	18.7	95.5	221.0	02m00.9s
042°00.0'W	84°10.52'N	82°00.38'N	83°04.72'N	09:33:50	18.9	97.6	221.1	02m01.3s
040°00.0'W	84°15.93'N	82°07.41'N	83°10.97'N	09:34:08	19.2	99.7	221.2	02m01.7s
038°00.0'W	84°20.82'N	82°13.78'N	83°16.63'N	09:34:25	19.4	101.8	221.3	02m02.1s
036°00.0'W	84°25.23'N	82°19.53'N	83°21.74'N	09:34:43	19.6	103.9	221.4	02m02.5s
034°00.0'W	84°29.18'N	82°24.69'N	83°26.32'N	09:35:00	19.8	106.0	221.5	02m02.9s
032°00.0'W	84°32.70'N	82°29.28'N	83°30.39'N	09:35:16	20.0	108.1	221.6	02m03.3s

Table 7 (CONTINUED)
MAPPING COORDINATES FOR THE UMBRAL PATH
TOTAL SOLAR ECLIPSE OF 2006 AUGUST 01

Longitude	Latitude of:			Circumstances on Central Line				
	Northern Limit	Southern Limit	Central Line	Universal Time h m s	Sun Alt °	Sun Az. °	Path Width km	Central Durat.
030° 00.0'W	84° 35.80'N	82° 33.32'N	83° 33.98'N	09:35:33	20.2	110.2	221.7	02m03.6s
028° 00.0'W	84° 38.49'N	82° 36.84'N	83° 37.11'N	09:35:50	20.4	112.3	221.7	02m04.0s
026° 00.0'W	84° 40.80'N	82° 39.85'N	83° 39.78'N	09:36:06	20.6	114.4	221.8	02m04.3s
024° 00.0'W	84° 42.73'N	82° 42.37'N	83° 42.02'N	09:36:23	20.8	116.6	221.9	02m04.7s
022° 00.0'W	84° 44.30'N	82° 44.40'N	83° 43.83'N	09:36:39	21.0	118.7	222.0	02m05.0s
020° 00.0'W	84° 45.51'N	82° 45.96'N	83° 45.22'N	09:36:55	21.2	120.8	222.1	02m05.4s
018° 00.0'W	84° 46.37'N	82° 47.05'N	83° 46.20'N	09:37:12	21.3	122.9	222.2	02m05.7s
016° 00.0'W	84° 46.88'N	82° 47.68'N	83° 46.78'N	09:37:29	21.5	125.0	222.2	02m06.0s
014° 00.0'W	84° 47.04'N	82° 47.85'N	83° 46.95'N	09:37:45	21.7	127.1	222.3	02m06.3s
012° 00.0'W	84° 46.86'N	82° 47.56'N	83° 46.72'N	09:38:02	21.9	129.2	222.4	02m06.7s
010° 00.0'W	84° 46.33'N	82° 46.81'N	83° 46.08'N	09:38:19	22.1	131.3	222.5	02m07.0s
008° 00.0'W	84° 45.46'N	82° 45.59'N	83° 45.03'N	09:38:36	22.2	133.4	222.6	02m07.3s
006° 00.0'W	84° 44.23'N	82° 43.90'N	83° 43.57'N	09:38:54	22.4	135.6	222.7	02m07.6s
004° 00.0'W	84° 42.64'N	82° 41.73'N	83° 41.69'N	09:39:11	22.6	137.7	222.7	02m08.0s
002° 00.0'W	84° 40.68'N	82° 39.06'N	83° 39.37'N	09:39:29	22.8	139.8	222.8	02m08.3s
000° 00.0'E	84° 38.34'N	82° 35.89'N	83° 36.61'N	09:39:48	23.0	141.9	222.9	02m08.6s
002° 00.0'E	84° 35.61'N	82° 32.20'N	83° 33.40'N	09:40:07	23.1	144.1	223.0	02m09.0s
004° 00.0'E	84° 32.48'N	82° 27.97'N	83° 29.70'N	09:40:26	23.3	146.2	223.1	02m09.3s
006° 00.0'E	84° 28.92'N	82° 23.17'N	83° 25.52'N	09:40:46	23.5	148.3	223.2	02m09.6s
008° 00.0'E	84° 24.91'N	82° 17.79'N	83° 20.81'N	09:41:06	23.7	150.5	223.3	02m10.0s
010° 00.0'E	84° 20.44'N	82° 11.78'N	83° 15.55'N	09:41:27	23.9	152.6	223.4	02m10.3s
012° 00.0'E	84° 15.48'N	82° 05.12'N	83° 09.72'N	09:41:49	24.1	154.8	223.5	02m10.7s
014° 00.0'E	84° 09.98'N	81° 57.77'N	83° 03.28'N	09:42:11	24.3	156.9	223.6	02m11.1s
016° 00.0'E	84° 03.93'N	81° 49.68'N	82° 56.19'N	09:42:35	24.5	159.1	223.7	02m11.4s
018° 00.0'E	83° 57.28'N	81° 40.81'N	82° 48.41'N	09:42:59	24.7	161.3	223.8	02m11.8s
020° 00.0'E	83° 49.99'N	81° 31.10'N	82° 39.88'N	09:43:25	24.9	163.5	223.9	02m12.2s
022° 00.0'E	83° 42.00'N	81° 20.48'N	82° 30.55'N	09:43:52	25.1	165.7	224.0	02m12.6s
024° 00.0'E	83° 33.27'N	81° 08.90'N	82° 20.36'N	09:44:20	25.4	167.9	224.1	02m13.0s
026° 00.0'E	83° 23.72'N	80° 56.27'N	82° 09.23'N	09:44:50	25.6	170.1	224.3	02m13.5s
028° 00.0'E	83° 13.28'N	80° 42.49'N	81° 57.08'N	09:45:21	25.9	172.3	224.4	02m13.9s
030° 00.0'E	83° 01.87'N	80° 27.48'N	81° 43.82'N	09:45:54	26.1	174.6	224.5	02m14.4s
032° 00.0'E	82° 49.39'N	80° 11.11'N	81° 29.34'N	09:46:29	26.4	176.9	224.7	02m14.9s
034° 00.0'E	82° 35.73'N	79° 53.26'N	81° 13.53'N	09:47:07	26.6	179.1	224.9	02m15.4s
036° 00.0'E	82° 20.77'N	79° 33.77'N	80° 56.24'N	09:47:47	26.9	181.5	225.1	02m15.9s
038° 00.0'E	82° 04.37'N	79° 12.50'N	80° 37.33'N	09:48:30	27.2	183.8	225.2	02m16.4s
040° 00.0'E	81° 46.36'N	78° 49.24'N	80° 16.61'N	09:49:17	27.5	186.2	225.5	02m17.0s
042° 00.0'E	81° 26.56'N	78° 23.78'N	79° 53.89'N	09:50:07	27.9	188.6	225.7	02m17.6s
044° 00.0'E	81° 04.74'N	77° 55.88'N	79° 28.92'N	09:51:02	28.2	191.0	225.9	02m18.2s
046° 00.0'E	80° 40.65'N	77° 25.27'N	79° 01.45'N	09:52:01	28.6	193.5	226.2	02m18.9s
048° 00.0'E	80° 14.01'N	76° 51.64'N	78° 31.18'N	09:53:06	28.9	196.0	226.5	02m19.5s
050° 00.0'E	79° 44.49'N	76° 14.63'N	77° 57.76'N	09:54:18	29.3	198.6	226.9	02m20.3s
051° 00.0'E	79° 28.52'N	75° 54.73'N	77° 39.74'N	09:54:56	29.5	199.9	227.1	02m20.6s
052° 00.0'E	79° 11.68'N	75° 33.84'N	77° 20.79'N	09:55:37	29.7	201.3	227.3	02m21.0s
053° 00.0'E	78° 53.91'N	75° 11.89'N	77° 00.84'N	09:56:19	30.0	202.6	227.5	02m21.4s
054° 00.0'E	78° 35.16'N	74° 48.84'N	76° 39.83'N	09:57:04	30.2	204.0	227.7	02m21.7s
055° 00.0'E	78° 15.34'N	74° 24.60'N	76° 17.70'N	09:57:51	30.4	205.4	228.0	02m22.1s
056° 00.0'E	77° 54.40'N	73° 59.12'N	75° 54.37'N	09:58:41	30.6	206.8	228.2	02m22.5s
057° 00.0'E	77° 32.26'N	73° 32.33'N	75° 29.78'N	09:59:33	30.8	208.3	228.5	02m22.9s
058° 00.0'E	77° 08.83'N	73° 04.16'N	75° 03.86'N	10:00:28	31.1	209.8	228.8	02m23.3s
059° 00.0'E	76° 44.04'N	72° 34.53'N	74° 36.51'N	10:01:27	31.3	211.3	229.1	02m23.7s
060° 00.0'E	76° 17.80'N	72° 03.37'N	74° 07.66'N	10:02:28	31.5	212.8	229.5	02m24.1s

Total Solar Eclipse of 2008 August 01

Table 7 *(CONTINUED)*

MAPPING COORDINATES FOR THE UMBRAL PATH
TOTAL SOLAR ECLIPSE OF 2006 AUGUST 01

Longitude	Latitude of:			Circumstances on Central Line				
	Northern Limit	Southern Limit	Central Line	Universal Time h m s	Sun Alt °	Sun Az. °	Path Width km	Central Durat.
061°00.0'E	75°50.00'N	71°30.60'N	73°37.23'N	10:03:34	31.7	214.4	229.9	02m24.5s
062°00.0'E	75°20.56'N	70°56.16'N	73°05.13'N	10:04:43	32.0	216.0	230.3	02m24.9s
063°00.0'E	74°49.38'N	70°19.97'N	72°31.27'N	10:05:56	32.2	217.7	230.7	02m25.3s
064°00.0'E	74°16.36'N	69°41.95'N	71°55.57'N	10:07:14	32.4	219.4	231.2	02m25.6s
065°00.0'E	73°41.38'N	69°02.05'N	71°17.94'N	10:08:36	32.6	221.1	231.7	02m26.0s
066°00.0'E	73°04.35'N	68°20.22'N	70°38.30'N	10:10:02	32.8	222.9	232.3	02m26.3s
067°00.0'E	72°25.18'N	67°36.40'N	69°56.59'N	10:11:34	33.0	224.7	232.9	02m26.5s
068°00.0'E	71°43.77'N	66°50.58'N	69°12.75'N	10:13:10	33.1	226.6	233.5	02m26.8s
069°00.0'E	71°00.03'N	66°02.73'N	68°26.73'N	10:14:52	33.3	228.5	234.2	02m27.0s
070°00.0'E	70°13.91'N	65°12.88'N	67°38.50'N	10:16:40	33.4	230.5	235.0	02m27.1s
071°00.0'E	69°25.36'N	64°21.05'N	66°48.07'N	10:18:32	33.5	232.5	235.8	02m27.2s
072°00.0'E	68°34.35'N	63°27.33'N	65°55.46'N	10:20:30	33.5	234.6	236.6	02m27.1s
073°00.0'E	67°40.90'N	62°31.81'N	65°00.72'N	10:22:34	33.5	236.7	237.6	02m27.0s
074°00.0'E	66°45.05'N	61°34.62'N	64°03.96'N	10:24:42	33.4	238.8	238.6	02m26.8s
075°00.0'E	65°46.89'N	60°35.94'N	63°05.32'N	10:26:54	33.3	241.0	239.6	02m26.5s
076°00.0'E	64°46.56'N	59°35.97'N	62°04.97'N	10:29:11	33.2	243.2	240.7	02m26.1s
077°00.0'E	63°44.25'N	58°34.95'N	61°03.13'N	10:31:32	32.9	245.4	241.8	02m25.6s
078°00.0'E	62°40.19'N	57°33.14'N	60°00.05'N	10:33:55	32.6	247.6	243.0	02m24.9s
079°00.0'E	61°34.67'N	56°30.82'N	58°56.04'N	10:36:20	32.3	249.8	244.1	02m24.1s
080°00.0'E	60°28.00'N	55°28.28'N	57°51.38'N	10:38:46	31.8	252.0	245.3	02m23.1s
081°00.0'E	59°20.53'N	54°25.80'N	56°46.42'N	10:41:12	31.3	254.2	246.4	02m22.0s
082°00.0'E	58°12.65'N	53°23.67'N	55°41.47'N	10:43:38	30.7	256.3	247.5	02m20.8s
083°00.0'E	57°04.71'N	52°22.15'N	54°36.85'N	10:46:01	30.1	258.3	248.5	02m19.5s
084°00.0'E	55°57.08'N	51°21.48'N	53°32.85'N	10:48:23	29.3	260.3	249.5	02m18.1s
085°00.0'E	54°50.10'N	50°21.86'N	52°29.75'N	10:50:41	28.6	262.2	250.2	02m16.5s
086°00.0'E	53°44.08'N	49°23.49'N	51°27.78'N	10:52:54	27.7	264.0	250.9	02m14.9s
087°00.0'E	52°39.28'N	48°26.52'N	50°27.15'N	10:55:03	26.9	265.8	251.3	02m13.2s
088°00.0'E	51°35.94'N	47°31.05'N	49°28.02'N	10:57:08	25.9	267.5	251.6	02m11.5s
089°00.0'E	50°34.24'N	46°37.19'N	48°30.51'N	10:59:06	25.0	269.1	251.6	02m09.6s
090°00.0'E	49°34.31'N	45°44.99'N	47°34.72'N	11:00:59	24.0	270.6	251.4	02m07.8s
091°00.0'E	48°36.25'N	44°54.50'N	46°40.73'N	11:02:46	23.0	272.0	251.0	02m05.9s
092°00.0'E	47°40.14'N	44°05.73'N	45°48.56'N	11:04:27	22.0	273.4	250.4	02m04.0s
093°00.0'E	46°46.01'N	43°18.69'N	44°58.24'N	11:06:02	20.9	274.7	249.5	02m02.1s
094°00.0'E	45°53.88'N	42°33.38'N	44°09.76'N	11:07:31	19.9	275.9	248.4	02m00.2s
095°00.0'E	45°03.73'N	41°49.76'N	43°23.12'N	11:08:54	18.8	277.1	247.0	01m58.3s
096°00.0'E	44°15.55'N	41°07.82'N	42°38.27'N	11:10:11	17.8	278.2	245.5	01m56.5s
097°00.0'E	43°29.30'N	40°27.51'N	41°55.20'N	11:11:22	16.7	279.2	243.7	01m54.6s
098°00.0'E	42°44.93'N	39°48.81'N	41°13.86'N	11:12:28	15.7	280.2	241.8	01m52.8s
099°00.0'E	42°02.40'N	39°11.65'N	40°34.19'N	11:13:29	14.6	281.2	239.7	01m50.9s
100°00.0'E	41°21.65'N	38°36.00'N	39°56.16'N	11:14:25	13.6	282.1	237.4	01m49.2s
101°00.0'E	40°42.62'N	38°01.82'N	39°19.71'N	11:15:15	12.5	282.9	235.0	01m47.4s
102°00.0'E	40°05.25'N	37°29.05'N	38°44.79'N	11:16:01	11.5	283.8	232.5	01m45.7s
103°00.0'E	39°29.49'N	36°57.65'N	38°11.34'N	11:16:42	10.5	284.6	229.9	01m44.0s
104°00.0'E	38°55.28'N	36°27.57'N	37°39.32'N	11:17:19	9.5	285.3	227.2	01m42.3s
105°00.0'E	38°22.56'N	35°58.77'N	37°08.67'N	11:17:51	8.4	286.0	224.5	01m40.7s
106°00.0'E	37°51.27'N	35°31.21'N	36°39.35'N	11:18:19	7.5	286.7	221.7	01m39.1s
107°00.0'E	37°21.37'N	35°04.84'N	36°11.31'N	11:18:44	6.5	287.4	218.8	01m37.5s
108°00.0'E	36°52.79'N	34°39.62'N	35°44.51'N	11:19:04	5.5	288.1	216.0	01m36.0s
109°00.0'E	36°25.50'N	34°15.52'N	35°18.89'N	11:19:21	4.5	288.7	213.1	01m34.5s
110°00.0'E	35°59.43'N	33°52.49'N	34°54.43'N	11:19:35	3.6	289.3	210.2	01m33.1s
111°00.0'E	35°34.56'N	33°30.50'N	34°31.07'N	11:19:45	2.6	289.9	207.4	01m31.7s

TABLE 8

MAPPING COORDINATES FOR THE ZONES OF GRAZING ECLIPSE
TOTAL SOLAR ECLIPSE OF 2008 AUGUST 01

Longitude	North Graze Zone Latitudes		Northern Limit	South Graze Zone Latitudes		Southern Limit .	Path Azm	Elev Fact	Scale Fact
	Northern Limit	Southern Limit	Universal Time h m s	Northern Limit	Southern Limit	Universal Time h m s	°		km/"
061°00.0'E	75°53.73'N	75°51.91'N	10:00:39	71°28.73'N	71°18.12'N	10:06:29	151.6	-1.44	3.12
062°00.0'E	75°24.29'N	75°22.52'N	10:01:39	70°54.28'N	70°43.45'N	10:07:46	152.1	-1.44	3.13
063°00.0'E	74°53.11'N	74°51.38'N	10:02:43	70°18.09'N	70°07.06'N	10:09:08	152.6	-1.44	3.13
064°00.0'E	74°20.05'N	74°18.40'N	10:03:52	69°40.08'N	69°28.88'N	10:10:34	153.1	-1.44	3.13
065°00.0'E	73°45.03'N	73°43.47'N	10:05:04	69°00.19'N	68°48.86'N	10:12:04	153.5	-1.45	3.13
066°00.0'E	73°07.93'N	73°06.48'N	10:06:22	68°18.36'N	68°06.94'N	10:13:39	153.9	-1.45	3.14
067°00.0'E	72°28.67'N	72°27.33'N	10:07:44	67°34.55'N	67°23.09'N	10:15:19	154.3	-1.45	3.14
068°00.0'E	71°47.13'N	71°45.95'N	10:09:11	66°48.74'N	66°37.29'N	10:17:04	154.6	-1.46	3.15
069°00.0'E	71°03.25'N	71°02.25'N	10:10:44	66°00.91'N	65°49.17'N	10:18:54	154.9	-1.46	3.16
070°00.0'E	70°17.27'N	70°16.15'N	10:12:23	65°11.07'N	64°59.08'N	10:20:49	155.2	-1.47	3.17
071°00.0'E	69°28.86'N	69°27.60'N	10:14:07	64°19.27'N	64°07.07'N	10:22:48	155.4	-1.47	3.18
072°00.0'E	68°37.96'N	68°36.56'N	10:15:57	63°25.57'N	63°13.35'N	10:24:53	155.5	-1.48	3.19
073°00.0'E	67°44.57'N	67°43.07'N	10:17:53	62°30.06'N	62°17.73'N	10:27:01	155.6	-1.49	3.21
074°00.0'E	66°48.74'N	66°47.18'N	10:19:55	61°32.90'N	61°20.51'N	10:29:14	155.6	-1.50	3.22
075°00.0'E	65°50.71'N	65°48.97'N	10:22:03	60°34.25'N	60°21.86'N	10:31:30	155.5	-1.52	3.24
076°00.0'E	64°50.60'N	64°48.61'N	10:24:15	59°34.31'N	59°21.99'N	10:33:49	155.3	-1.53	3.26
077°00.0'E	63°48.36'N	63°46.32'N	10:26:33	58°33.32'N	58°21.11'N	10:36:10	155.1	-1.54	3.28
078°00.0'E	62°44.47'N	62°42.20'N	10:28:55	57°31.54'N	57°19.50'N	10:38:33	154.7	-1.56	3.31
079°00.0'E	61°39.11'N	61°36.62'N	10:31:20	56°29.26'N	56°17.42'N	10:40:57	154.3	-1.58	3.33
080°00.0'E	60°32.54'N	60°29.90'N	10:33:48	55°26.75'N	55°15.14'N	10:43:20	153.8	-1.60	3.36
081°00.0'E	59°25.13'N	59°22.38'N	10:36:18	54°24.31'N	54°12.94'N	10:45:42	153.2	-1.61	3.39
082°00.0'E	58°17.26'N	58°14.44'N	10:38:48	53°22.17'N	53°11.19'N	10:48:02	152.4	-1.63	3.42
083°00.0'E	57°09.29'N	57°06.44'N	10:41:18	52°20.69'N	52°09.95'N	10:50:20	151.6	-1.66	3.45
084°00.0'E	56°01.61'N	55°58.76'N	10:43:46	51°20.05'N	51°09.56'N	10:52:34	150.7	-1.68	3.48
085°00.0'E	54°54.56'N	54°51.73'N	10:46:12	50°20.48'N	50°10.24'N	10:54:44	149.7	-1.70	3.52
086°00.0'E	53°48.30'N	53°45.63'N	10:48:35	49°22.14'N	49°12.14'N	10:56:50	148.6	-1.72	3.55
087°00.0'E	52°43.42'N	52°40.80'N	10:50:53	48°25.20'N	48°15.44'N	10:58:51	147.5	-1.74	3.58
088°00.0'E	51°39.98'N	51°37.42'N	10:53:06	47°29.77'N	47°20.22'N	11:00:46	146.2	-1.76	3.61
089°00.0'E	50°38.18'N	50°35.67'N	10:55:15	46°35.93'N	46°26.60'N	11:02:36	144.9	-1.78	3.64
090°00.0'E	49°38.15'N	49°35.70'N	10:57:17	45°43.77'N	45°34.62'N	11:04:20	143.6	-1.79	3.66
091°00.0'E	48°40.01'N	48°37.62'N	10:59:14	44°53.30'N	44°44.35'N	11:05:59	142.2	-1.81	3.69
092°00.0'E	47°43.81'N	47°41.48'N	11:01:04	44°04.56'N	43°55.80'N	11:07:32	140.8	-1.82	3.71
093°00.0'E	46°49.59'N	46°47.33'N	11:02:48	43°17.55'N	43°08.97'N	11:08:59	139.3	-1.84	3.73
094°00.0'E	45°57.36'N	45°55.17'N	11:04:26	42°32.25'N	42°23.87'N	11:10:20	137.8	-1.85	3.75
095°00.0'E	45°07.11'N	45°05.00'N	11:05:57	41°48.66'N	41°40.52'N	11:11:35	136.4	-1.86	3.76
096°00.0'E	44°18.83'N	44°16.80'N	11:07:22	41°06.73'N	40°58.79'N	11:12:46	134.9	-1.86	3.77
097°00.0'E	43°32.47'N	43°30.53'N	11:08:41	40°26.45'N	40°18.70'N	11:13:50	133.4	-1.87	3.78
098°00.0'E	42°48.00'N	42°46.15'N	11:09:55	39°47.75'N	39°40.21'N	11:14:50	131.9	-1.87	3.79
099°00.0'E	42°05.36'N	42°03.61'N	11:11:02	39°10.61'N	39°03.29'N	11:15:44	130.4	-1.87	3.79
100°00.0'E	41°24.39'N	41°22.73'N	11:12:04	38°34.97'N	38°27.89'N	11:16:34	129.0	-1.87	3.79
101°00.0'E	40°45.23'N	40°43.68'N	11:13:01	38°00.78'N	37°53.93'N	11:17:19	127.5	-1.87	3.79
102°00.0'E	40°07.73'N	40°06.30'N	11:13:52	37°27.67'N	37°21.01'N	11:18:00	126.1	-1.87	3.79
103°00.0'E	39°31.78'N	39°30.48'N	11:14:39	36°56.67'N	36°50.03'N	11:18:36	124.7	-1.87	3.78
104°00.0'E	38°57.55'N	38°56.36'N	11:15:21	36°26.60'N	36°20.02'N	11:19:08	123.4	-1.86	3.78
105°00.0'E	38°24.72'N	38°23.63'N	11:15:58	35°57.79'N	35°51.36'N	11:19:36	122.1	-1.86	3.77
106°00.0'E	37°53.42'N	37°52.34'N	11:16:31	35°35.45'N	35°35.45'N	11:19:56	120.8	-1.85	3.76
107°00.0'E	37°23.52'N	37°22.43'N	11:17:00	35°04.84'N	35°04.84'N	11:20:21	119.5	-1.85	3.75
108°00.0'E	36°54.92'N	36°53.84'N	11:17:24	34°39.62'N	34°39.62'N	11:20:38	118.3	-1.84	3.74
109°00.0'E	36°27.61'N	36°26.54'N	11:17:45	34°15.52'N	34°15.52'N	11:20:51	117.0	-1.83	3.72
110°00.0'E	36°01.53'N	36°00.48'N	11:18:03	33°52.49'N	33°52.49'N	11:21:01	115.8	-1.81	3.69
111°00.0'E	35°36.63'N	35°35.60'N	11:18:16	33°30.51'N	33°30.51'N	11:21:09	114.5	-1.74	3.59
112°00.0'E	35°12.88'N	35°11.87'N	11:18:27	33°09.54'N	33°09.54'N	11:21:13	113.3	-1.63	3.42
113°00.0'E	34°50.26'N	34°49.27'N	11:18:34	32°49.51'N	32°49.51'N	11:21:14	113.0	-2.46	4.74

Total Solar Eclipse of 2008 August 01

TABLE 9
LOCAL CIRCUMSTANCES FOR CANADA AND NORTH ATLANTIC
TOTAL SOLAR ECLIPSE OF 2008 AUGUST 01

Location Name	Latitude	Longitude	Elev. (m)	First Contact U.T. (h m s)	P (°)	V (°)	Alt (°)	Second Contact U.T. (h m s)	P (°)	V (°)	Alt (°)	Third Contact U.T. (h m s)	P (°)	V (°)	Alt (°)	Maximum Eclipse U.T. (h m s)	P (°)	V (°)	Alt (°)	Azm (°)	Eclip. Mag.	Eclip. Obs.	Umbral Depth	Umbral Durat.
CANADA																								
Alert, NT	82°31'N	062°20'W	29	08:36:11.2	289	296	15	09:32:06.3	41	49		09:32:48.8	358	6		09:32:27.6	200	207	16	77	1.035	1.000	0.069	00m43s
Cambridge Bay, *	69°03'N	105°05'W	—	—	—	—	—	—	—	—	—	—	—	—	—	09:24:05.8	197	209	1	32	0.999	1.000		
Charlottetown, *	46°14'N	063°08'W	55	—	—	—	—	—	—	—	—	—	—	—	—	08:58 Rise	—	—	0	63	0.319	0.207		
Chicoutimi, QC	48°26'N	071°04'W	—	—	—	—	—	—	—	—	—	—	—	—	—	09:23 Rise	—	—	0	62	0.174	0.086		
Fredericton, NB	45°58'N	066°39'W	9	—	—	—	—	—	—	—	—	—	—	—	—	09:27:28.5	66	108	2	63	0.198	0.104		
Grise Fiord, NU	76°25'N	082°54'W	37	08:31:13.5	289	298	8	—	—	—	—	—	—	—	—	09:13 Rise	—	—	0	63	0.174	0.086		
																09:20:07.1	108	121	13	54	1.033	1.000	0.614	01m38s
Halifax, NS	44°39'N	063°36'W	25	—	—	—	—	09:24:17.8	131	143		09:25:55.7	266	277		09:25:06.8	18	30	10	64	0.223	0.123		
Iqaluit, NU	63°44'N	068°28'W	34	08:14:13.8	300	321	2	—	—	—	—	—	—	—	—	09:05:27.3	16	41	6	61	0.767	0.713		
Moncton, NB	46°06'N	064°47'W	12	—	—	—	—	—	—	—	—	—	—	—	—	09:05 Rise	—	—	0	63	0.271	0.164		
Québec, QC	46°49'N	071°14'W	73	—	—	—	—	—	—	—	—	—	—	—	—	09:29 Rise	—	—	0	63	0.044	0.011		
Resolute, NT	74°41'N	094°54'W	67	08:33:06.9	287	295	5	—	—	—	—	—	—	—	—	09:25:44.9	198	209	7	43	0.997	0.998		
Saint John, NB	45°16'N	066°03'W	36	—	—	—	—	—	—	—	—	—	—	—	—	09:13 Rise	—	—	0	64	0.177	0.088		
Saint John's, NF	47°34'N	052°43'W	64	—	—	—	—	—	—	—	—	—	—	—	—	08:43:23.2	15	56	5	68	0.317	0.205		
Sydney, NS	46°09'N	060°11'W	5	—	—	—	—	—	—	—	—	—	—	—	—	08:47 Rise	—	—	0	63	0.340	0.227		
FAEROE ISLANDS																								
Torshavn	62°01'N	006°46'W	—	08:20:34.6	320	349	28	—	—	—	—	—	—	—	—	09:18:02.0	21	47	34	120	0.516	0.414		
GREENLAND																								
Godthåb	64°11'N	051°44'W	20	08:11:20.9	306	330	8	—	—	—	—	—	—	—	—	09:03:59.3	17	44	13	76	0.689	0.617		
ICELAND																								
Reykjavík	64°09'N	021°51'W	28	08:14:44.3	314	341	21	—	—	—	—	—	—	—	—	09:10:45.0	19	46	27	104	0.585	0.493		
ST. PIERRE & MIQUELON																								
Saint Pierre	46°47'N	056°11'W	—	—	—	—	—	—	—	—	—	—	—	—	—	—	08:43:13.4	14	56	2	66	0.325	0.213		

TABLE 10
LOCAL CIRCUMSTANCES FOR UNITED KINGDOM
TOTAL SOLAR ECLIPSE OF 2008 AUGUST 01

Location Name	Latitude	Longitude	Elev. (m)	First Contact U.T. (h m s)	P (°)	V (°)	Alt (°)	Second Contact U.T.	P	V	Third Contact U.T.	P	V	Maximum Eclipse U.T. (h m s)	P (°)	V (°)	Alt (°)	Azm (°)	Eclip. Mag.	Eclip. Obs.
ENGLAND																				
Birmingham	52°30'N	001°50'W	163	08:29:39.7	340	19	35	—	—	—	—	—	—	09:16:18.9	22	57	41	118	0.245	0.142
Bristol	51°27'N	002°35'W	—	08:30:47.9	343	23	35	—	—	—	—	—	—	09:14:47.4	22	58	41	116	0.213	0.115
Coventry	52°25'N	001°30'W	—	08:30:06.5	341	19	35	—	—	—	—	—	—	09:16:42.0	22	57	41	118	0.243	0.140
Leeds	53°50'N	001°35'W	—	08:27:59.7	337	14	34	—	—	—	—	—	—	09:17:20.6	22	55	41	120	0.286	0.177
Liverpool	53°25'N	002°55'W	60	08:27:21.5	338	15	33	—	—	—	—	—	—	09:15:29.4	22	56	40	117	0.272	0.165
London	51°30'N	000°10'W	45	08:33:01.1	343	22	36	—	—	—	—	—	—	09:18:01.8	22	57	43	119	0.218	0.119
Manchester	53°30'N	002°15'W	—	08:27:50.2	338	15	34	—	—	—	—	—	—	09:16:20.8	22	56	40	118	0.275	0.168
Middlesbrough	54°35'N	001°14'W	—	08:27:25.0	335	11	34	—	—	—	—	—	—	09:18:10.4	22	54	41	121	0.309	0.198
Newcastle	54°59'N	001°35'W	—	08:26:42.1	334	10	34	—	—	—	—	—	—	09:17:58.9	22	54	40	121	0.320	0.209
Nottingham	52°58'N	001°10'W	—	08:29:33.3	339	17	35	—	—	—	—	—	—	09:17:24.3	22	56	41	119	0.260	0.155
Sheffield	53°23'N	001°30'W	—	08:28:39.6	338	15	34	—	—	—	—	—	—	09:17:12.2	22	56	41	119	0.272	0.165
IRELAND, NORTH																				
Belfast	54°35'N	005°55'W	17	08:23:31.1	335	11	31	—	—	—	—	—	—	09:12:50.8	21	55	38	114	0.304	0.194
SCOTLAND																				
Edinburgh	55°57'N	003°13'W	134	08:24:31.1	332	7	32	—	—	—	—	—	—	09:16:43.6	22	53	39	119	0.346	0.234
Glasgow	55°53'N	004°15'W	—	08:23:45.5	332	7	31	—	—	—	—	—	—	09:15:34.0	22	53	38	118	0.344	0.231
WALES																				
Cardiff	51°29'N	003°13'W	62	08:30:07.8	343	23	34	—	—	—	—	—	—	09:13:59.4	22	58	41	115	0.213	0.115

TABLE 11
LOCAL CIRCUMSTANCES FOR EUROPE – ALBANIA TO ITALY
TOTAL SOLAR ECLIPSE OF 2008 AUGUST 01

Location Name	Latitude	Longitude	Elev.	First Contact U.T. h m s	P °	V °	Alt °	Second Contact U.T. h m s	P °	V °	Third Contact U.T. h m s	P °	V °	Fourth Contact U.T. h m s	P °	V °	Alt °	Maximum Eclipse U.T. h m s	P °	V °	Alt °	Azm °	Eclip. Mag.	Eclip. Obs.	Umbral Depth	Umbral Durat.
ALBANIA			m																							
Tiranë	41°20'N	019°50'E	7	09:38:38.7	16	44	62	–			–			10:18:12.4	43	57	66	09:58:27.0	29	51	64	152	0.027	0.006		
AUSTRIA																										
Vienna	48°13'N	016°20'E	202	08:57:54.5	350	23	51	–			–			10:32:29.4	64	73	59	09:44:57.1	27	50	56	146	0.195	0.102		
BELARUS																										
Gomel'	52°25'N	031°00'E	–	09:01:20.2	333	348	53	–			–			11:07:10.9	85	68	53	10:04:51.5	29	28	55	181	0.438	0.329		
Minsk	53°54'N	027°34'E	225	08:55:17.1	332	350	51	–			–			11:00:44.5	84	73	53	09:58:19.6	28	32	54	173	0.443	0.333		
BELGIUM																										
Antwerpen	51°13'N	004°25'E	–	08:38:04.1	344	21	40	–			–			10:12:24.3	63	87	52	09:24:28.5	24	56	46	126	0.221	0.122		
Brussels	50°50'N	004°20'E	–	08:38:51.3	345	23	40	–			–			10:11:11.1	62	87	52	09:24:16.8	24	56	46	126	0.209	0.112		
Liège	50°38'N	005°34'E	–	08:40:32.9	346	23	41	–			–			10:13:06.7	62	86	53	09:26:07.8	24	56	47	127	0.207	0.111		
BOSNIA & HERZEGOWINA																										
Sarajevo	43°52'N	018°25'E	–	09:18:47.9	4	36	57	–			–			10:26:24.9	53	64	63	09:52:34.4	28	51	61	149	0.087	0.031		
BULGARIA																										
Sofia	42°41'N	023°19'E	550	09:26:53.4	3	29	62	–			–			10:41:03.1	57	53	65	10:04:07.0	30	43	64	164	0.104	0.040		
CROATIA																										
Zagreb	45°48'N	015°58'E	–	09:07:08.2	358	33	53	–			–			10:25:04.5	57	70	61	09:45:56.6	27	53	58	144	0.122	0.051		
CZECH REPUBLIC																										
Ostrava	49°50'N	018°17'E	–	08:54:56.8	344	15	50	–			–			10:40:02.5	70	74	58	09:47:17.4	27	46	55	152	0.257	0.152		
Praha	50°05'N	014°26'E	202	08:50:36.4	345	18	48	–			–			10:31:25.1	67	78	57	09:40:37.0	26	50	53	143	0.236	0.134		
DENMARK																										
Copenhagen	55°40'N	012°35'E	13	08:38:25.6	332	1	42	–			–			10:35:16.5	77	87	51	09:36:14.6	25	46	48	143	0.385	0.273		
ESTONIA																										
Tallinn	59°25'N	024°45'E	–	08:45:26.6	322	340	45	–			–			10:55:05.0	90	85	48	09:50:17.1	26	33	48	167	0.556	0.460		
FINLAND																										
Helsinki	60°10'N	024°58'E	9	08:44:58.1	321	338	44	–			–			10:55:09.1	91	86	47	09:50:05.0	26	33	47	167	0.576	0.483		
FRANCE																										
Lille	50°38'N	003°04'E	43	08:38:04.4	346	24	39	–			–			10:08:06.6	61	88	51	09:22:20.6	23	57	46	123	0.199	0.105		
Lyon	45°45'N	004°51'E	286	08:59:17.1	5	47	46	–			–			09:50:29.5	43	78	53	09:24:40.8	24	63	49	122	0.054	0.015		
Paris	48°52'N	002°20'E	50	08:42:15.7	352	32	40	–			–			10:00:32.6	55	86	51	09:20:48.1	23	60	46	121	0.143	0.064		
GERMANY																										
Aachen	50°47'N	006°05'E	–	08:40:41.8	345	22	41	–			–			10:14:34.7	63	86	53	09:26:56.4	24	56	48	128	0.214	0.116		
Berlin	52°30'N	013°22'E	–	08:44:06.6	339	11	45	–			–			10:32:58.0	72	82	55	09:38:01.3	26	48	51	143	0.300	0.190		
Bonn	50°44'N	007°05'E	–	08:41:48.0	345	22	42	–			–			10:16:31.3	63	85	53	09:28:29.4	24	55	48	130	0.216	0.118		
Bremen	53°04'N	008°49'E	16	08:38:42.8	339	12	42	–			–			10:24:58.3	70	86	53	09:31:07.5	24	51	48	135	0.241	0.184		
Dortmund	51°31'N	007°28'E	–	08:40:23.7	343	19	42	–			–			10:19:12.4	66	86	53	09:29:05.9	24	54	48	131	0.241	0.139		
Dresden	51°03'N	013°44'E	–	08:47:32.4	343	15	46	–			–			10:31:31.0	69	80	56	09:39:04.2	26	50	52	143	0.260	0.154		
Duisburg	51°25'N	006°46'E	–	08:39:55.7	343	19	41	–			–			10:17:33.8	65	86	53	09:28:01.8	24	54	48	130	0.240	0.134		
Düsseldorf	51°12'N	006°47'E	–	08:40:25.3	344	20	42	–			–			10:17:04.4	64	86	53	09:28:02.6	24	55	48	130	0.229	0.128		
Frankfurt	50°07'N	008°40'E	103	08:44:55.1	347	23	44	–			–			10:18:20.5	63	83	55	09:31:02.1	25	55	50	132	0.205	0.109		
Hamburg	53°33'N	009°59'E	20	08:39:00.7	337	10	42	–			–			10:27:58.1	72	86	53	09:32:48.2	25	50	48	137	0.312	0.202		
Hannover	52°24'N	009°44'E	–	08:40:48.0	340	14	43	–			–			10:25:32.8	69	85	53	09:32:30.6	25	51	49	136	0.278	0.170		
Cologne	50°56'N	006°59'E	–	08:41:13.7	345	21	42	–			–			10:16:49.3	64	85	53	09:28:20.4	24	55	48	130	0.222	0.123		
Leipzig	51°19'N	012°20'E	–	08:45:34.2	343	16	45	–			–			10:28:56.7	68	82	55	09:36:43.9	25	51	51	140	0.259	0.154		
Mannheim	49°29'N	008°29'E	–	08:46:30.6	349	26	44	–			–			10:16:12.4	61	83	55	09:30:47.9	25	56	50	131	0.185	0.094		
München	48°08'N	011°34'E	530	08:53:49.7	352	29	48	–			–			10:19:48.0	59	78	57	09:36:24.8	26	55	53	136	0.161	0.076		
Nürnberg	49°27'N	011°04'E	320	08:49:06.9	348	24	46	–			–			10:22:08.9	64	80	56	09:35:08.5	25	54	52	136	0.197	0.103		
Stuttgart	48°46'N	009°11'E	–	08:49:24.9	351	28	45	–			–			10:15:44.1	59	81	56	09:32:04.8	25	56	51	132	0.167	0.080		
HUNGARY																										
Budapest	47°30'N	019°05'E	120	09:02:45.4	351	21	53	–			–			10:38:27.3	65	69	60	09:50:30.2	28	47	58	153	0.197	0.103		
IRELAND																										
Dublin	53°20'N	006°15'W	47	08:24:34.6	338	16	31	–			–			10:00:41.6	65	95	44	09:11:33.8	21	57	38	113	0.267	0.161		
ITALY																										
Bologna	44°29'N	011°20'E	–	09:12:27.8	8	46	52	–			–			10:02:46.3	45	72	59	09:37:30.3	26	60	56	133	0.048	0.013		
Milan	45°28'N	009°12'E	–	09:04:22.6	4	44	49	–			–			10:01:48.7	47	76	57	09:32:53.5	25	61	53	129	0.066	0.020		
Turin	45°03'N	007°40'E	–	09:06:24.7	7	48	49	–			–			09:53:56.9	43	75	56	09:30:02.4	25	62	52	126	0.045	0.011		

35

Total Solar Eclipse of 2008 August 01

TABLE 12
LOCAL CIRCUMSTANCES FOR EUROPE – LATVIA TO UKRAINE
TOTAL SOLAR ECLIPSE OF 2008 AUGUST 01

Location Name	Latitude	Longitude	Elev. m	First Contact U.T. h m s	P °	V °	Alt °	Second Contact U.T. h m s	P °	V °	Third Contact U.T. h m s	P °	V °	Fourth Contact U.T. h m s	P °	V °	Alt °	Maximum Eclipse U.T. h m s	P °	V °	Alt °	Azm °	Eclip. Mag.	Eclip. Obs.	Umbral Depth	Umbral Durat.
LATVIA																										
Riga	56°57'N	024°06'E	—	08:47:29.9	327	347	47	—	—	—	—	—	—	10:54:37.0	86	81	51	09:51:04.8	27	35	50	165	0.491	0.386		
LIECHTENSTEIN																										
Vaduz	47°09'N	009°31'E	—	08:55:48.9	356	35	47	—	—	—	—	—	—	10:10:56.8	54	79	57	09:33:00.9	25	58	52	131	0.119	0.049		
LITHUANIA																										
Vilnius	54°41'N	025°19'E	—	08:51:49.6	331	352	49	—	—	—	—	—	—	10:56:46.8	84	76	53	09:54:26.7	27	35	53	168	0.443	0.333		
LUXEMBOURG																										
Luxembourg	49°36'N	006°09'E	334	08:43:51.4	349	27	42	—	—	—	—	—	—	10:11:19.1	60	84	53	09:26:58.2	24	57	48	127	0.178	0.089		
MACEDONIA																										
Skopje	41°59'N	021°26'E	240	09:31:30.8	9	37	62	—	—	—	—	—	—	10:30:34.2	51	55	66	10:01:06.1	30	47	64	158	0.063	0.019		
MOLDOVA																										
Kisin'ov	47°00'N	028°50'E	—	09:12:36.3	345	5	59	—	—	—	—	—	—	11:03:20.6	74	57	59	10:08:30.8	31	61	61	179	0.282	0.174		
NETHERLANDS																										
Amsterdam	52°22'N	004°54'E	2	08:36:13.6	341	17	39	—	—	—	—	—	—	10:16:11.4	66	88	51	09:25:23.8	24	54	46	128	0.257	0.152		
NORWAY																										
Oslo	59°55'N	010°45'E	94	08:33:09.1	324	350	38	—	—	—	—	—	—	10:36:04.7	84	93	47	09:33:55.4	24	43	44	143	0.495	0.390		
POLAND																										
Gdansk	54°23'N	018°40'E	11	08:45:55.6	334	360	46	—	—	—	—	—	—	10:44:58.0	79	80	53	09:45:10.5	26	42	51	154	0.386	0.273		
Katowice	50°16'N	019°00'E	343	08:54:30.6	343	12	50	—	—	—	—	—	—	10:42:14.0	71	74	58	09:48:11.8	27	45	55	153	0.274	0.167		
Krakow	50°03'N	019°58'E	220	08:55:58.4	343	12	51	—	—	—	—	—	—	10:44:12.9	72	72	58	09:49:58.8	27	44	56	156	0.276	0.169		
Lodz	51°46'N	019°30'E	—	08:51:31.7	339	7	49	—	—	—	—	—	—	10:44:46.8	75	76	56	09:47:58.6	27	43	54	155	0.320	0.209		
Poznan	52°25'N	016°55'E	—	08:47:42.1	339	8	47	—	—	—	—	—	—	10:40:03.2	74	77	56	09:43:32.4	26	45	52	150	0.319	0.208		
Warsaw	52°15'N	021°00'E	90	08:51:58.8	338	4	49	—	—	—	—	—	—	10:48:11.8	77	75	56	09:49:59.6	27	41	54	158	0.345	0.233		
Wroclaw	51°06'N	017°00'E	147	08:50:34.9	342	12	48	—	—	—	—	—	—	10:38:45.0	71	77	57	09:44:21.7	27	46	54	149	0.283	0.175		
ROMANIA																										
Bucharest	44°26'N	026°06'E	82	09:19:39.2	354	17	60	—	—	—	—	—	—	10:54:03.0	66	53	63	10:07:11.2	30	36	63	172	0.184	0.093		
SERBIA AND MONTENEGRO																										
Beograd	44°50'N	020°30'E	138	09:14:35.9	358	28	57	—	—	—	—	—	—	10:36:56.6	59	62	63	09:55:47.4	29	47	61	155	0.134	0.059		
SLOVAKIA																										
Bratislava	48°09'N	017°07'E	—	08:58:50.3	350	22	51	—	—	—	—	—	—	10:34:24.7	65	72	59	09:46:24.8	27	49	56	148	0.200	0.105		
SLOVENIA																										
Ljubljana	46°03'N	014°31'E	—	09:04:54.9	358	34	52	—	—	—	—	—	—	10:21:23.3	56	72	60	09:42:56.5	27	55	57	141	0.118	0.048		
SWEDEN																										
Goteborg	57°43'N	011°58'E	17	08:35:43.3	328	355	40	—	—	—	—	—	—	10:36:08.5	81	90	49	09:35:17.1	25	44	46	144	0.440	0.330		
Stockholm	59°20'N	018°03'E	45	08:39:38.4	324	347	42	—	—	—	—	—	—	10:45:52.4	86	88	49	09:42:24.6	25	39	47	155	0.514	0.411		
SWITZERLAND																										
Basel	47°33'N	007°35'E	572	08:52:20.7	356	35	45	—	—	—	—	—	—	10:07:26.4	54	81	55	09:29:28.3	25	59	51	128	0.122	0.051		
Bern	46°57'N	007°26'E	493	08:54:49.1	358	38	46	—	—	—	—	—	—	10:04:27.0	51	80	55	09:29:16.2	25	60	51	127	0.103	0.039		
Zurich	47°23'N	008°32'E	—	08:53:54.7	356	35	46	—	—	—	—	—	—	10:09:14.5	54	80	56	09:31:10.8	25	58	52	130	0.121	0.050		
UKRAINE																										
Char'kov	50°00'N	036°15'E	—	09:11:28.6	334	343	57	—	—	—	—	—	—	11:17:47.2	86	60	53	10:15:41.8	30	20	57	195	0.439	0.329		
Dnepropetrovsk	48°27'N	034°59'E	79	09:13:59.9	338	348	59	—	—	—	—	—	—	11:16:27.7	83	57	54	10:16:14.3	30	21	59	194	0.389	0.277		
Doneck	48°00'N	037°48'E	—	09:17:41.6	337	343	60	—	—	—	—	—	—	11:22:02.6	85	55	53	10:21:06.5	31	16	58	201	0.423	0.302		
Horlivka	48°18'N	038°03'E	—	09:17:10.3	336	342	59	—	—	—	—	—	—	11:22:18.6	86	55	53	10:21:10.8	31	16	58	201	0.413	0.312		
Kharkov	50°00'N	036°15'E	—	09:11:28.6	334	343	57	—	—	—	—	—	—	11:17:47.2	86	60	53	10:15:41.8	30	20	57	195	0.439	0.329		
Kiev	50°26'N	030°31'E	—	09:05:03.3	337	354	55	—	—	—	—	—	—	11:06:58.2	82	64	55	10:06:37.7	29	29	57	181	0.386	0.273		
Kramatorsk	48°43'N	037°32'E	—	09:15:40.8	336	342	59	—	—	—	—	—	—	11:21:00.8	85	57	53	10:19:32.8	31	17	58	200	0.425	0.315		
Krivoj Rog	47°55'N	033°21'E	—	09:13:54.6	340	353	59	—	—	—	—	—	—	11:13:26.0	80	56	56	10:14:33.6	30	23	60	190	0.357	0.245		
Lugansk	48°34'N	039°20'E	—	09:17:42.0	335	338	59	—	—	—	—	—	—	11:24:16.0	87	56	51	10:22:19.4	31	14	57	204	0.444	0.335		
L'vov	49°50'N	024°00'E	298	09:00:19.7	342	7	53	—	—	—	—	—	—	10:53:13.2	75	68	58	09:56:55.3	28	38	57	165	0.306	0.195		
Mariupol'	47°06'N	037°33'E	—	09:19:48.0	339	344	61	—	—	—	—	—	—	11:22:15.9	83	52	54	10:22:15.4	31	16	59	202	0.390	0.278		
Nikolajev	46°58'N	032°00'E	—	09:15:22.7	343	358	60	—	—	—	—	—	—	11:10:44.8	78	54	57	10:13:51.7	31	25	61	188	0.318	0.207		
Odessa	46°28'N	030°44'E	65	09:15:19.1	345	2	60	—	—	—	—	—	—	11:08:12.9	75	54	58	10:12:30.7	30	27	61	185	0.290	0.182		
Stachanov	48°34'N	038°40'E	—	09:17:05.2	335	340	59	—	—	—	—	—	—	11:23:07.5	86	56	52	10:21:23.7	31	15	58	203	0.436	0.326		
Zaporozje	47°50'N	035°10'E	—	09:15:45.2	339	349	59	—	—	—	—	—	—	11:17:08.9	82	55	55	10:17:29.2	31	20	59	195	0.377	0.264		

F. Espenak and J. Anderson

TABLE 13
LOCAL CIRCUMSTANCES FOR RUSSIA
TOTAL SOLAR ECLIPSE OF 2008 AUGUST 01

Location Name	Latitude	Longitude	Elev.	First Contact U.T.	P	V	Alt	Second Contact U.T.	P	V	Third Contact U.T.	P	V	Fourth Contact U.T.	P	V	Alt	Maximum Eclipse U.T.	P	V	Alt	Azm	Eclip. Mag.	Eclip. Obs.	Umbral Depth	Umbral Durat.
			m	h m s	°	°	°	h m s	°	°	h m s	°	°	h m s	°	°	°	h m s	°	°	°	°				
RUSSIA																										
Angarsk	52°34'N	103°54'E	—	09:55:06.3	289	249	26	—			—			11:46:41.5	123	86	9	10:52:31.5	206	167	17	278	0.874	0.849		
Arkangel'sk	64°30'N	040°25'E	7	08:54:24.3	310	314	43	—			—			11:07:58.0	103	89	40	10:01:50.3	27	21	43	192	0.774	0.724		
Astrachan	46°21'N	048°03'E	—	09:30:56.2	331	318	61	—			—			11:40:05.9	92	51	46	10:37:30.4	32	0	54	225	0.514	0.411		
Barnaul	53°22'N	083°45'E	—	09:44:57.3	299	264	39	10:47:31.0	129	91	10:49:46.6	287	248	11:48:16.7	117	78	21	10:48:38.9	28	350	30	260	1.038	1.000	0.804	02m16s
Belgorod	50°36'N	036°35'E	—	09:10:28.0	333	342	57	—			—			11:17:54.1	87	61	52	10:15:15.2	30	20	57	195	0.456	0.348		
Berdsk	54°47'N	083°02'E	—	09:41:51.5	298	266	39	10:44:33.0	113	76	10:46:51.9	303	266	11:45:37.1	117	80	21	10:45:42.6	208	171	30	258	1.038	1.000	0.913	02m19s
Bijsk	52°34'N	085°15'E	—	09:47:21.1	299	262	38	10:49:29.0	110	70	10:51:43.7	307	267	11:49:46.5	117	78	19	10:50:36.5	208	169	28	262	1.038	1.000	0.852	02m15s
Bratsk	56°05'N	101°48'E	—	09:48:04.8	288	253	27	—			—			11:41:18.5	124	89	12	10:46:15.6	206	170	19	274	0.868	0.841		
Chabarovsk	48°27'N	135°06'E	—	10:00:26.4	279	239	5	—			—			—				10:33 Set	—	—	0	298	0.603	0.513		
Chelyabinsk	55°10'N	061°24'E	—	09:24:58.0	311	293	49	—			—			11:38:13.7	107	73	35	10:33:33.2	29	0	43	233	0.815	0.776		
Cita	52°03'N	113°30'E	—	09:57:35.3	285	244	19	—			—			11:43:55.3	125	89	4	10:52:09.8	205	166	11	285	0.823	0.784		
Dzerzinsk	56°15'N	043°24'E	—	09:06:43.9	320	321	52	—			—			11:21:11.8	98	73	45	10:15:12.0	29	15	50	203	0.646	0.565		
Ekaterinburg	48°05'N	039°40'E	272	09:19:10.5	335	338	60	—			—			11:25:16.4	86	55	51	10:23:36.2	31	13	58	206	0.438	0.328		
Gorno-Altajsk	51°58'N	085°58'E	—	09:48:53.9	299	261	37	10:50:50.2	106	65	10:53:02.2	310	270	11:50:51.7	118	77	19	10:51:56.3	208	168	28	264	1.038	1.000	0.786	02m12s
Irkutsk	52°16'N	104°20'E	467	09:55:45.4	289	248	25	—			—			11:47:03.3	123	86	8	10:53:01.8	206	166	16	278	0.873	0.847		
Iskitim	54°38'N	083°18'E	—	09:42:18.0	298	265	39	10:44:55.9	110	73	10:47:13.6	306	269	11:45:54.7	117	80	21	10:46:04.9	208	171	30	259	1.038	1.000	0.855	02m18s
Izevsk	56°51'N	053°14'E	—	09:14:53.9	314	305	50	—			—			11:29:39.3	104	74	39	10:23:54.1	29	8	46	219	0.755	0.700		
Jaroslavl'	57°37'N	039°52'E	—	09:01:24.8	320	325	50	—			—			11:15:31.8	97	76	45	10:09:26.3	28	20	49	196	0.638	0.557		
Kazan	55°49'N	049°08'E	—	09:12:48.1	318	312	52	—			—			11:27:43.0	101	72	42	10:21:47.9	29	10	48	214	0.696	0.627		
Kemerovo	55°20'N	086°05'E	—	09:42:37.1	296	263	37	—			—			11:44:41.1	119	82	20	10:45:32.9	208	171	28	261	0.987	0.990		
Kirov	58°38'N	049°42'E	—	09:09:00.7	314	309	49	—			—			11:23:54.9	103	77	40	10:17:50.2	29	12	46	212	0.749	0.692		
Kirovograd	57°26'N	060°04'E	—	09:19:57.9	310	295	48	—			—			11:33:23.3	108	77	35	10:28:26.6	29	4	42	229	0.832	0.797		
Kogalym	62°02'N	074°30'E	—	09:23:30.3	298	278	40	10:27:39.3	155	129	10:29:35.8	259	233	11:30:35.8	116	87	27	10:28:37.6	27	1	34	242	1.039	1.000	0.386	01m56s
Kosh Agach	50°01'N	088°44'E	—	09:54:05.9	298	257	35	10:55:22.4	80	37	10:57:05.6	336	293	11:54:13.0	118	76	16	10:56:14.1	208	165	26	268	1.037	1.000	0.386	01m43s
Krasnodar	45°02'N	039°00'E	—	09:26:47.7	341	343	63	—			—			11:26:29.6	82	46	54	10:28:01.8	32	11	60	209	0.363	0.251		
Krasnojarsk	56°01'N	092°50'E	152	09:44:46.9	293	258	33	—			—			11:43:02.7	121	85	16	10:45:39.7	207	171	24	266	0.929	0.920		
Kurgan	55°26'N	065°18'E	—	09:27:47.4	308	287	48	—			—			11:39:49.3	110	74	32	10:35:47.9	29	359	41	238	0.859	0.831		
Langepas	61°10'N	075°23'E	—	09:25:31.3	298	277	40	10:29:38.3	155	128	10:31:35.3	260	233	11:32:26.2	116	86	27	10:30:36.9	27	0	34	243	1.039	1.000	0.394	01m57s
Magnitogorsk	53°27'N	059°04'E	—	09:26:00.9	314	296	52	—			—			11:39:46.6	105	69	36	10:34:55.4	30	360	45	232	0.767	0.715		
Megion	61°03'N	076°06'E	—	09:26:11.6	298	276	40	10:30:00.6	139	111	10:32:16.9	276	248	11:32:48.9	117	86	26	10:31:08.9	27	360	33	244	1.039	1.000	0.634	02m16s
Moscow	55°45'N	037°35'E	154	09:01:57.8	324	331	52	—			—			11:14:44.2	93	73	48	10:09:16.5	29	21	52	193	0.578	0.485		
Muravlenko	63°47'N	073°30'E	—	09:20:02.4	297	280	39	10:23:48.8	134	111	10:26:09.5	279	256	11:27:02.0	116	90	28	10:24:59.3	27	3	34	239	1.039	1.000	0.700	02m21s
Nabereznyje Cel…	55°42'N	052°19'E	—	09:15:56.4	316	307	51	—			—			11:30:46.1	103	72	40	10:25:01.6	29	7	47	219	0.728	0.666		
Nadym	65°35'N	072°42'E	—	09:16:45.6	297	281	38	10:20:11.9	110	89	10:22:37.8	303	282	11:23:25.7	116	92	28	10:21:24.9	207	185	33	236	1.039	1.000	0.886	02m26s
Gorki	56°20'N	044°00'E	—	09:07:10.2	320	320	52	—			—			11:21:44.8	98	73	44	10:15:43.2	29	15	50	204	0.653	0.575		
Niznevartovsk	60°56'N	076°31'E	—	09:26:39.8	298	276	40	10:30:21.7	131	104	10:32:43.4	283	256	11:33:07.3	117	86	26	10:31:32.6	27	360	33	245	1.039	1.000	0.757	02m22s
Niznij Tagil	57°55'N	059°57'E	—	09:19:04.8	309	295	48	—			—			11:32:27.5	108	77	35	10:27:30.0	29	4	42	228	0.837	0.803		
Novoaltajsk	53°24'N	083°58'E	—	09:45:01.3	299	264	38	10:47:30.1	123	84	10:49:47.7	293	255	11:48:13.4	117	78	21	10:48:39.0	28	350	29	260	1.038	1.000	0.920	02m18s
Novokuzneck	53°45'N	087°06'E	—	09:46:09.0	297	261	36	—			—			11:47:35.2	119	80	19	10:48:49.5	208	169	27	263	0.990	0.993		
Novosibirsk	55°02'N	082°55'E	—	09:41:19.2	298	266	39	10:44:02.3	110	74	10:46:20.6	306	270	11:45:08.7	117	80	22	10:45:11.6	208	172	30	258	1.038	1.000	0.861	02m18s
Noyabrsk	63°10'N	075°37'E	—	09:22:22.5	297	278	39	10:25:51.1	101	77	10:28:11.6	313	288	11:28:40.4	117	89	27	10:27:01.4	207	182	33	242	1.039	1.000	0.731	02m21s
Omsk	55°00'N	073°24'E	85	09:34:56.1	304	276	44	—			—			11:43:39.1	113	77	27	10:41:20.4	29	355	36	248	0.935	0.927		
Onguday	50°45'N	086°09'E	—	09:51:19.5	299	260	37	10:53:12.8	133	92	10:55:22.5	283	241	11:53:03.3	117	76	18	10:54:17.8	28	347	28	265	1.038	1.000	0.737	02m10s
Orenburg	51°54'N	055°06'E	—	09:25:21.0	319	303	54	—			—			11:39:21.8	102	65	39	10:34:22.7	30	1	48	229	0.698	0.630		
Penza	53°13'N	045°00'E	—	09:13:22.4	323	322	55	—			—			11:27:02.2	96	66	45	10:21:42.0	30	12	52	210	0.605	0.517		
Perm	58°00'N	056°15'E	—	09:15:45.7	311	300	49	—			—			11:29:57.4	106	77	37	10:24:29.7	29	6	44	223	0.802	0.759		
Prokopjevsk	53°53'N	086°45'E	—	09:45:42.4	297	262	37	—			—			11:47:21.1	118	80	19	10:48:29.1	208	170	28	262	0.992	0.995		
R'azan'	54°38'N	039°44'E	—	09:05:49.5	324	330	53	—			—			11:18:43.3	94	70	48	10:13:23.1	29	18	52	198	0.576	0.483		
Rostov-na-Donu	47°14'N	039°42'E	—	09:21:20.8	337	339	61	—			—			11:26:05.0	85	52	52	10:25:07.1	31	12	58	207	0.420	0.309		
St. Petersburg	59°55'N	030°15'E	5	08:49:51.8	320	334	46	—			—			11:01:55.8	94	83	47	09:56:13.4	27	29	48	177	0.607	0.519		
Samara	53°12'N	050°09'E	—	09:18:17.7	320	312	54	—			—			11:32:41.7	99	67	42	10:27:14.7	30	7	50	219	0.663	0.586		
Saratov	51°34'N	046°02'E	60	09:17:30.3	325	321	56	—			—			11:30:30.0	95	63	45	10:25:38.7	30	9	52	214	0.586	0.494		
Strezhevoy	60°44'N	077°35'E	—	09:27:42.5	298	275	39	10:31:10.2	111	83	10:33:34.3	304	276	11:33:42.7	117	86	26	10:32:22.3	207	179	33	246	1.039	1.000	0.885	02m24s
Toljatti	53°31'N	049°26'E	—	09:17:02.5	320	313	54	—			—			11:31:29.5	99	67	42	10:25:57.9	30	8	50	217	0.660	0.583		
Tomsk	56°30'N	084°58'E	—	09:39:49.0	296	265	37	—			—			11:42:29.8	119	83	21	10:43:00.6	208	173	29	258	0.988	0.991		
T'umen'	57°09'N	065°32'E	—	09:24:59.5	307	287	46	—			—			11:36:46.0	111	77	32	10:32:45.1	29	0	40	236	0.882	0.860		
Ufa	54°44'N	055°56'E	174	09:20:53.4	315	301	51	—			—			11:35:17.7	104	71	38	10:29:57.1	30	4	46	226	0.751	0.695		
Ulan-Ude	51°50'N	107°37'E	—	09:57:13.3	287	247	23	—			—			11:46:37.9	124	86	7	10:53:28.9	206	166	14	281	0.856	0.826		
Uljanovsk	54°20'N	048°24'E	—	09:14:36.9	320	315	53	—			—			11:29:13.0	99	69	43	10:23:31.0	30	9	50	214	0.663	0.586		
Vladimir	56°10'N	040°25'E	—	09:04:01.9	322	326	52	—			—			11:17:50.9	96	73	46	10:12:00.8	29	18	51	198	0.614	0.528		
Vladivostok	43°10'N	131°56'E	29	10:08:47.2	283	237	4	—			—			—				10:31 Set	—	—	0	295	0.424	0.312		
Volgograd	48°44'N	044°25'E	—	09:22:00.5	331	326	59	—			—			11:32:01.0	91	56	48	10:28:41.7	31	8	55	215	0.512	0.409		
Vologda	59°12'N	039°55'E	—	08:59:23.7	317	323	48	—			—			11:13:45.4	98	79	44	10:07:27.9	28	20	48	195	0.670	0.595		
Voronez	51°40'N	039°10'E	—	09:10:43.3	329	335	56	—			—			11:21:02.9	90	63	50	10:17:05.8	30	17	55	200	0.508	0.405		

Total Solar Eclipse of 2008 August 01

TABLE 14
LOCAL CIRCUMSTANCES FOR ASIA MINOR
TOTAL SOLAR ECLIPSE OF 2008 AUGUST 01

Location Name	Latitude	Longitude	Elev.	First Contact U.T. h m s	P °	V °	Alt °	Second Contact U.T. h m s	P °	V °	Third Contact U.T. h m s	P °	V °	Fourth Contact U.T. h m s	P °	V °	Alt °	Maximum Eclipse U.T. h m s	P °	V °	Alt °	Azm °	Eclip. Mag.	Eclip. Obs.	Umbral Depth	Umbral Durat.
ARMENIA			m																							
Jerevan	40°11'N	044°30'E	—	09:45:46.3	345	327	66							11:41:09.8	82	34	50	10:45:15.9	33	355	59	230	0.341	0.229		
AZERBAIJAN																										
Baku	40°23'N	049°51'E	—	09:48:28.2	339	311	64							11:50:10.1	87	37	45	10:51:30.1	33	350	55	239	0.428	0.317		
BAHRAIN																										
Al-Manamah	26°13'N	050°35'E	—	10:40:19.9	3	295	62							12:00:57.6	68	357	44	11:21:51.9	36	325	53	265	0.164	0.078		
GEORGIA																										
Tbilisi	41°43'N	044°49'E	—	09:41:05.0	342	327	65							11:40:23.2	84	38	50	10:42:34.8	33	357	59	228	0.377	0.265		
IRAN																										
Bakhtaran	34°19'N	047°04'E	1320	10:07:38.4	353	312	67							11:50:40.3	77	18	48	11:00:53.4	35	341	58	247	0.265	0.159		
Esfahan	32°40'N	051°38'E	1597	10:14:18.5	349	298	64							12:00:28.4	80	18	43	11:09:34.1	35	335	53	255	0.311	0.200		
Mashhad	36°18'N	059°36'E	—	10:06:09.3	334	285	58							12:07:24.0	92	34	35	11:09:25.1	33	337	46	258	0.505	0.402		
Qom	34°39'N	050°54'E	—	10:07:14.7	347	302	65							11:57:50.6	82	23	44	11:04:37.2	34	339	54	251	0.336	0.224		
Tabriz	38°05'N	046°18'E	—	09:53:45.2	347	319	67							11:46:25.4	81	29	49	10:51:58.1	34	349	58	238	0.327	0.216		
Tehran	35°40'N	051°26'E	1200	10:04:01.1	344	302	64							11:57:47.7	84	26	43	11:03:04.4	34	341	54	250	0.364	0.252		
IRAQ																										
Basrah	30°30'N	047°50'E	—	10:23:04.7	359	305	66							11:53:52.6	72	7	48	11:09:55.4	35	334	57	255	0.201	0.106		
Mosul	36°20'N	043°08'E	223	09:59:16.2	354	328	69							11:40:31.1	74	21	53	10:51:23.5	34	350	62	236	0.240	0.137		
Baghdad	33°21'N	044°25'E	34	10:11:45.6	359	319	69							11:44:33.0	71	13	52	10:59:31.7	35	342	61	245	0.199	0.105		
ISRAEL																										
Haifa	32°49'N	034°59'E	—	10:28:29.1	23	352	72							11:02:57.6	47	1	67	10:45:49.1	35	356	70	225	0.022	0.004		
JORDAN																										
'Amman	31°57'N	035°56'E	776	10:33:43.5	24	347	72							11:04:58.6	46	357	67	10:49:25.1	35	351	69	231	0.018	0.003		
KUWAIT																										
Kuwait City	29°20'N	047°59'E	5	10:28:07.9	1	303	66							11:54:22.3	70	4	47	11:12:34.6	36	332	56	258	0.180	0.090		
LEBANON																										
Beirut	33°53'N	035°30'E	—	10:16:56.9	16	352	72							11:11:16.1	54	7	65	10:44:27.0	35	357	69	224	0.056	0.016		
OMAN																										
Masqat	23°37'N	058°35'E	—	10:46:09.7	354	280	54							12:17:35.1	75	2	33	11:33:33.6	35	320	43	273	0.253	0.149		
SAUDI ARABIA																										
Riyadh	24°38'N	046°43'E	591	10:55:04.9	17	306	62							11:46:08.3	56	343	51	11:21:01.6	36	324	56	265	0.059	0.017		
SYRIA																										
Damascus	33°30'N	036°18'E	720	10:18:08.6	15	348	72							11:14:28.5	55	6	64	10:46:41.7	35	354	69	227	0.060	0.018		
Halab	36°12'N	037°10'E	390	10:00:32.8	4	349	71							11:22:39.5	64	18	60	10:42:26.6	34	359	67	222	0.137	0.061		
TURKEY																										
Adana	37°01'N	035°18'E	25	09:57:00.7	5	357	71							11:16:35.5	63	21	62	10:37:31.3	34	5	68	215	0.126	0.053		
Ankara	39°56'N	032°52'E	861	09:42:22.9	360	6	68							11:10:57.3	65	32	62	10:27:23.1	33	17	67	200	0.158	0.075		
Antalya	36°53'N	030°43'E	—	10:02:27.3	15	15	71							10:55:18.7	57	52	68	10:29:07.2	33	18	70	198	0.050	0.014		
Bursa	40°11'N	029°04'E	—	09:41:14.4	5	19	67							10:57:21.2	59	37	65	10:19:41.9	32	27	68	186	0.110	0.044		
Gaziantep	37°05'N	037°22'E	—	09:56:01.6	1	349	70							11:23:57.2	67	21	60	10:40:56.4	34	1	66	221	0.161	0.076		
Istanbul	41°01'N	028°58'E	18	09:36:39.5	2	18	66							10:58:34.0	62	40	65	10:18:03.3	32	28	67	185	0.130	0.056		
Izmir	38°25'N	027°09'E	28	09:55:43.5	16	28	69							10:41:49.4	48	35	69	10:18:54.0	32	31	69	181	0.037	0.009		
Konya	37°52'N	032°31'E	—	09:53:35.4	7	8	70							11:06:48.3	59	25	65	10:30:42.9	33	14	69	203	0.102	0.039		
UNITED ARAB EMIRATES																										
Abu Dhabi	24°28'N	054°22'E	—	10:45:02.7	360	287	58							12:09:45.4	71	358	38	11:28:48.5	35	322	48	270	0.197	0.103		
Dubai	25°16'N	055°20'E	—	10:41:18.0	357	286	58							12:11:31.9	74	2	37	11:28:01.1	35	323	47	269	0.230	0.129		

TABLE 15
LOCAL CIRCUMSTANCES FOR ASIA
TOTAL SOLAR ECLIPSE OF 2008 AUGUST 01

Location Name	Latitude	Longitude	Elev.	First Contact U.T. h m s	P °	V °	Alt °	Second Contact U.T. h m s	P °	V °	Third Contact U.T. h m s	P °	V °	Fourth Contact U.T. h m s	P °	V °	Alt °	Maximum Eclipse U.T. h m s	P °	V °	Alt °	Azm °	Eclip. Mag.	Eclip. Obs.	Umbral Depth	Umbral Durat.
AFGHANISTAN			m																							
Kabul	34°31'N	069°12'E	1815	10:16:00.8	326	269	49	—			—			12:16:43.1	98	38	25	11:19:04.6	32	332	37	267	0.616	0.530		
BANGLADESH																										
Chittagong	22°20'N	091°50'E	—	10:48:15.3	320	247	23	—			—			12:31:10.8	98	33	2	11:42:11.1	28	319	11	285	0.666	0.588		
Dacca	23°43'N	090°25'E	—	10:45:36.7	319	248	25	—			—			12:32:12.6	97	30	2	11:40:31.3	29	320	12	284	0.679	0.605		
Khulna	22°48'N	089°33'E	—	10:47:26.3	321	248	25	—			—			12:31:56.1	98	31	3	11:41:56.1	29	319	13	284	0.653	0.573		
Rajshahi	24°22'N	088°36'E	—	10:44:17.8	320	249	27	—			—			12:30:58.9	98	33	3	11:39:49.6	29	320	14	283	0.674	0.598		
BHUTAN																										
Thimbu	27°28'N	089°39'E	—	10:38:13.1	316	248	28	—			—			12:27:34.3	102	39	4	11:35:08.9	29	323	15	283	0.741	0.681		
INDIA																										
Ahmadabad	23°02'N	072°37'E	55	10:46:22.3	337	262	41	—			—			12:30:50.9	88	17	17	11:40:50.6	32	319	28	279	0.459	0.350		
Bangalore	12°59'N	077°35'E	895	11:12:20.6	346	262	28	—			—			12:36:58.3	76	357	8	11:56:07.1	31	309	18	285	0.311	0.200		
Bombay	18°58'N	072°50'E	8	10:57:20.4	342	263	37	—			—			12:33:28.7	82	8	15	11:47:19.3	32	315	26	281	0.380	0.267		
Calcutta	22°32'N	088°22'E	6	10:48:00.0	322	249	26	—			—			12:32:41.3	96	29	3	11:42:28.0	29	319	14	284	0.636	0.553		
Delhi	28°40'N	077°13'E	—	10:33:13.3	325	258	40	—			—			12:26:42.2	97	33	15	11:32:29.2	31	325	27	277	0.624	0.538		
Hyderabad	17°23'N	078°29'E	531	11:00:26.7	338	258	31	—			—			12:36:13.5	84	9	9	11:50:12.7	31	313	20	283	0.420	0.308		
Kanpur	26°28'N	080°21'E	—	10:38:57.1	325	255	36	—			—			12:29:29.3	97	31	11	11:36:37.6	31	322	23	279	0.623	0.538		
Lucknow	26°51'N	080°55'E	122	10:38:11.9	324	254	35	—			—			12:29:06.7	97	32	11	11:36:04.1	31	323	22	279	0.636	0.553		
Madras	13°05'N	080°17'E	16	11:10:53.7	343	259	26	—			—			12:37:45.3	78	0	6	11:55:51.1	31	310	16	285	0.346	0.234		
New Delhi	28°36'N	077°12'E	212	10:33:22.4	325	258	40	—			—			12:26:46.8	97	33	15	11:32:35.9	31	325	27	277	0.622	0.537		
Pune	18°32'N	073°52'E	—	10:58:19.9	342	262	36	—			—			12:34:09.9	82	8	14	11:48:08.9	32	314	25	282	0.385	0.272		
KAZAKHSTAN																										
Alma-Ata	43°15'N	076°57'E	775	10:00:46.3	311	265	44	—			—			12:05:36.0	109	59	22	11:05:44.7	30	340	33	264	0.840	0.806		
Karaganda	49°50'N	073°10'E	—	09:44:38.2	308	273	46	—			—			11:53:09.2	111	68	26	10:51:14.5	30	349	36	254	0.877	0.854		
KYRGYZSTAN																										
Bishkek (Frunze)	42°54'N	074°36'E	—	09:59:59.8	313	267	46	—			—			12:05:41.4	108	57	23	11:05:26.9	31	341	34	263	0.808	0.766		
LAOS																										
Vientiane	17°58'N	102°36'E	170	10:54:08.2	318	244	10	—			—			—				11:41 Set			0	289	0.657	0.577		
MACAU																										
Macau	22°14'N	113°35'E	—	10:43:48.1	307	239	4	—			—			—				11:04 Set			0	289	0.374	0.261		
MONGOLIA																										
Darchan	49°29'N	105°55'E	—	10:01:04.9	289	246	23	10:59:48.0	47	2	—			11:51:02.3	123	83	6	10:57:42.8	206	164	14	281	0.882	0.859		
Hovd	48°08'N	091°23'E	—	09:58:56.9	298	254	33	10:59:48.0	47	2	11:00:29.2	9	324	11:57:11.3	118	74	14	11:00:08.7	208	163	23	271	1.036	1.000	0.055	00m41s
Olgij	48°56'N	089°57'E	—	09:56:45.8	298	256	35	10:57:39.9	76	32	10:59:15.9	340	296	11:55:59.7	118	75	15	10:58:28.0	208	164	24	269	1.037	1.000	0.334	01m36s
Ulaanbaatar	47°55'N	106°53'E	1307	10:04:00.9	289	245	22	—			—			11:53:08.8	122	81	5	11:00:14.4	206	162	13	282	0.888	0.867		
NEPAL																										
Kathmandu	27°43'N	085°19'E	1348	10:37:07.4	319	251	32	—			—			12:28:02.0	100	37	8	11:34:56.4	30	323	19	281	0.701	0.632		
NORTH KOREA																										
P'yongyang	39°01'N	125°45'E	29	10:16:29.1	287	237	5	—			—			—				10:46 Set			0	294	0.564	0.467		
PAKISTAN																										
Islamabad	33°42'N	073°10'E	—	10:19:54.8	324	264	46	—			—			12:19:23.2	100	40	21	11:22:20.0	32	330	33	271	0.656	0.577		
Karachi	24°52'N	067°03'E	4	10:41:03.7	341	268	47	—			—			12:26:10.1	98	16	23	11:35:51.8	33	321	35	275	0.414	0.302		
Lahore	31°35'N	074°18'E	—	10:25:24.6	325	261	44	—			—			12:22:30.8	98	36	19	11:26:35.8	32	328	31	273	0.636	0.553		
SOUTH KOREA																										
Seoul	37°33'N	126°58'E	10	10:18:04.2	288	236	3	—			—			—				10:37 Set			0	293	0.381	0.268		
SRI LANKA																										
Colombo	06°56'N	079°51'E	7	11:28:40.6	355	266	21	—			—			12:35:38.6	66	341	5	12:03:01.6	30	304	13	287	0.194	0.101		
TAJIKISTAN																										
Dusanbe	38°35'N	068°48'E	—	10:05:55.6	322	272	51	—			—			12:10:35.3	101	46	27	11:10:59.1	32	337	38	263	0.674	0.599		
TURKMENISTAN																										
Aschabad	37°57'N	058°23'E	—	10:00:53.4	333	289	59	—			—			12:03:58.9	93	37	36	11:05:00.4	33	340	47	254	0.515	0.413		
UZBEKISTAN																										
Taskent	41°20'N	069°18'E	—	09:59:52.1	319	273	50	—			—			12:06:29.0	103	51	27	11:05:51.9	31	340	38	260	0.721	0.657		

TABLE 16
LOCAL CIRCUMSTANCES FOR CHINA
TOTAL SOLAR ECLIPSE OF 2008 AUGUST 01

Location Name	Latitude	Longitude	Elev.	First Contact				Second Contact			Third Contact			Fourth Contact				Maximum Eclipse					Eclip.	Eclip.	Umbral	Umbral
				U.T.	P	V	Alt	U.T.	P	V	U.T.	P	V	U.T.	P	V	Alt	U.T.	P	V	Alt	Azm	Mag.	Obs.	Depth	Durat.
			m	h m s	°	°	°	h m s	°	°	h m s	°	°	h m s	°	°	°	h m s	°	°	°	°				
CHINA																										
Altay	47°52'N	088°07'E	—	09:57:54.6	300	256	36	10:59:25.9	167	122	11:00:51.0	249	204	11:58:02.2	117	72	16	11:00:08.5	28	343	25	269	1.037	1.000	0.242	01m25s
Anshan	41°08'N	122°59'E	—	10:14:15.1	287	237	8	—			—			—				11:02 Set	—	—	0	294	0.854	0.822		
Baiyin	36°47'N	104°07'E	—	10:22:45.7	298	242	20	11:17:59.4	159	105	11:19:14.2	254	200	—				11:18:36.9	26	332	9	286	1.032	1.000	0.325	01m15s
Baotou	40°40'N	109°59'E	—	10:16:29.9	292	240	17	—			—			—				11:11:09.2	206	156	7	288	0.941	0.933		
Beijing	39°55'N	116°25'E	—	10:17:15.1	290	238	12	—			—			—				11:10:02.7	205	156	3	291	0.916	0.901		
Binxian	35°00'N	108°08'E	—	10:25:40.8	298	240	16	11:19:28.8	155	100	11:20:42.8	257	202	—				11:20:05.9	26	331	5	288	1.031	1.000	0.371	01m14s
Changsha	28°12'N	112°58'E	49	10:35:20.0	301	238	8	—			—			—				11:16 Set	—	—	0	291	0.768	0.713		
Chengdu	30°39'N	104°04'E	—	10:32:57.1	303	241	17	—			—			—				11:27:34.2	26	327	6	288	0.913	0.898		
Chongqing	29°34'N	106°35'E	261	10:34:28.4	303	240	14	—			—			—				11:28:10.9	26	326	3	289	0.912	0.896		
Datong	46°03'N	124°50'E	—	10:06:37.7	283	239	10	—			—			—				10:57:48.7	204	162	2	295	0.819	0.778		
Fushun	41°52'N	123°53'E	—	10:12:58.9	286	237	8	—			—			—				11:00 Set	—	—	0	295	0.840	0.804		
Guangzhou	23°06'N	113°16'E	18	10:42:39.9	307	239	5	—			—			—				11:06 Set	—	—	0	290	0.445	0.334		
Guiyang	26°35'N	106°43'E	—	10:39:10.3	306	240	12	—			—			—				11:32:01.1	26	324	1	290	0.860	0.830		
Hami	42°48'N	093°27'E	—	10:09:51.6	300	249	31	—			—			12:05:37.4	116	68	10	11:09:53.6	28	338	20	276	0.998	0.999		
Handan	36°37'N	114°29'E	—	10:22:31.6	293	238	12	—			—			—				11:15:27.6	205	153	2	291	0.967	0.966		
Hangzhou	30°15'N	120°10'E	—	10:30:15.4	296	237	4	—			—			—				10:50 Set	—	—	0	291	0.397	0.284		
Harbin	45°45'N	126°41'E	145	10:06:40.8	283	238	8	—			—			—				10:57:24.6	203	162	0	296	0.816	0.774		
Heze	35°17'N	115°27'E	—	10:24:21.7	294	238	10	—			—			—				11:16:52.2	205	152	1	292	0.981	0.982		
Huainan	32°40'N	117°00'E	—	10:27:50.0	295	237	8	—			—			—				11:08 Set	—	—	0	292	0.773	0.719		
Jilin	43°51'N	126°33'E	—	10:09:28.2	284	238	7	—			—			—				10:54 Set	—	—	0	295	0.797	0.750		
Jinan	36°40'N	116°57'E	—	10:22:02.1	292	238	10	—			—			—				11:14:20.2	205	153	1	293	0.955	0.950		
Jiuquan	39°45'N	098°34'E	—	10:16:53.3	299	245	26	11:14:18.5	169	116	11:15:27.0	245	193	12:08:48.0	115	66	5	11:14:52.9	27	335	15	281	1.034	1.000	0.214	01m08s
Kunming	25°05'N	102°40'E	1893	10:42:16.7	310	242	15	—			—			—				11:35:31.4	27	322	3	288	0.806	0.762		
Laiwu	36°12'N	117°42'E	—	10:22:34.1	292	237	9	—			—			—				11:12 Set	—	—	0	293	0.933	0.922		
Lanzhou	36°03'N	103°41'E	1556	10:23:59.2	299	242	20	—			—			—				11:19:50.5	27	332	9	286	0.993	0.995		
Lüda	38°53'N	121°35'E	—	10:17:49.0	289	237	8	—			—			—				11:02 Set	—	—	0	293	0.833	0.795		
Luohe	33°35'N	114°01'E	—	10:27:09.2	296	238	10	11:19:03.2	107	52	11:20:30.1	303	248	—				11:19:46.8	205	150	1	292	1.029	1.000	0.862	01m27s
Luoyang	34°41'N	112°28'E	—	10:25:45.0	296	238	12	11:18:24.3	71	17	11:19:29.3	339	285	—				11:18:56.9	205	151	2	291	1.030	1.000	0.307	01m05s
Nanjing	32°03'N	118°47'E	—	10:28:13.0	295	237	6	—			—			—				10:59 Set	—	—	0	291	0.607	0.517		
Nanyang	33°00'N	112°32'E	—	10:28:17.5	297	238	11	11:21:02.7	193	138	11:21:21.3	217	162	—				11:21:12.1	25	330	1	291	1.029	1.000	0.022	00m19s
Pingdingshan	33°45'N	113°17'E	—	10:27:02.1	296	238	11	11:19:08.2	112	57	11:20:36.7	298	244	—				11:19:52.5	205	150	1	291	1.029	1.000	0.944	01m28s
Pingliang	35°27'N	107°10'E	—	10:24:59.8	298	240	17	11:19:06.5	152	98	11:20:24.3	259	205	—				11:19:45.5	26	331	6	288	1.031	1.000	0.405	01m18s
Pingxiang	27°38'N	113°50'E	—	10:35:55.5	301	238	7	—			—			—				11:11 Set	—	—	0	290	0.676	0.600		
Puyang	35°42'N	114°59'E	—	10:23:49.5	294	238	11	—			—			—				11:16:30.6	205	152	1	292	0.977	0.978		
Qingdao	36°06'N	120°19'E	—	10:22:05.8	291	237	7	—			—			—				11:01 Set	—	—	0	293	0.754	0.697		
Qiqihar	47°19'N	123°55'E	—	10:04:52.5	283	239	11	—			—			—				10:56:22.4	204	163	3	294	0.812	0.769		
Sanmenxia	34°45'N	111°05'E	—	10:25:49.4	296	239	13	11:18:39.5	101	46	11:20:08.2	310	256	—				11:19:24.0	205	151	3	290	1.030	1.000	0.746	01m29s
Shanghai	31°14'N	121°28'E	5	10:28:28.1	295	237	4	—			—			—				10:47 Set	—	—	0	291	0.366	0.252		
Shenyang	41°48'N	123°27'E	42	10:13:10.8	286	238	8	—			—			—				11:01 Set	—	—	0	295	0.853	0.821		
Shijiazhuang	38°03'N	114°28'E	—	10:20:20.9	292	238	13	—			—			—				11:13:27.7	205	154	3	291	0.949	0.942		
Suining	30°31'N	105°34'E	—	10:33:03.5	303	240	15	—			—			—				11:27:15.4	26	327	4	288	0.921	0.907		
Tai'an	36°12'N	117°07'E	—	10:22:41.3	293	237	10	—			—			—				11:14 Set	—	—	0	293	0.958	0.954		
Taiyuan	37°55'N	112°30'E	—	10:20:45.9	293	239	14	—			—			—				11:14:23.7	205	154	4	290	0.960	0.957		
Tangshan	39°38'N	118°11'E	—	10:17:24.9	290	238	11	—			—			—				11:09:43.1	204	156	1	293	0.912	0.895		
Tianjin	39°08'N	117°12'E	4	10:18:19.4	290	238	11	—			—			—				11:10:49.9	205	155	2	292	0.922	0.909		
Tongchuan	35°01'N	109°01'E	—	10:25:35.9	297	239	15	11:19:01.1	131	77	11:20:31.8	280	225	—				11:19:46.5	26	331	5	289	1.030	1.000	0.729	01m31s
Urumqi	43°48'N	087°35'E	906	10:05:32.8	303	254	36	—			—			12:04:59.5	114	66	14	11:07:34.1	29	339	25	272	0.957	0.954		
Weifang	36°42'N	119°04'E	—	10:21:32.6	291	237	8	—			—			—				11:07 Set	—	—	0	293	0.875	0.848		
Weinan	34°29'N	109°29'E	—	10:26:24.1	297	239	14	11:19:44.5	152	97	11:20:59.1	259	204	—				11:20:21.9	26	331	4	289	1.030	1.000	0.400	01m15s
Wuhan	30°36'N	114°17'E	23	10:31:29.6	298	238	9	—			—			—				11:15 Set	—	—	0	291	0.831	0.793		
Xi'an (Sian)	34°15'N	108°52'E	—	10:26:49.4	298	239	15	—			—			—				11:20:54.8	26	330	4	289	0.999	1.000		
Xianyang	34°22'N	108°42'E	—	10:26:39.1	298	239	15	—			—			—				11:20:48.4	26	330	4	289	1.000	1.000		
Xiaogan	30°55'N	113°54'E	—	10:31:07.2	298	238	9	—			—			—				11:17 Set	—	—	0	291	0.877	0.851		
Xintai	35°54'N	117°44'E	—	10:22:59.9	293	237	9	—			—			—				11:11 Set	—	—	0	292	0.917	0.903		
Xuchang	34°03'N	113°49'E	—	10:26:29.6	296	238	11	11:18:37.4	82	28	11:19:51.5	328	274	—				11:19:14.6	205	151	1	291	1.029	1.000	0.456	01m14s
Yancheng	33°24'N	120°09'E	—	10:25:55.8	294	237	6	—			—			—				10:56 Set	—	—	0	292	0.595	0.503		
Yiwu	43°15'N	094°45'E	—	10:09:27.6	299	249	30	11:08:09.6	129	80	11:10:05.7	286	236	12:04:35.5	117	69	9	11:09:07.8	28	338	19	277	1.035	1.000	0.797	01m56s
Yulin	22°36'N	110°07'E	—	10:44:27.4	309	240	7	—			—			—				11:18 Set	—	—	0	290	0.611	0.522		
Yumen	39°56'N	097°51'E	—	10:16:24.3	299	246	26	11:14:28.3	196	144	11:14:49.4	218	166	12:08:46.6	115	66	5	11:14:38.9	27	335	15	281	1.034	1.000	0.018	00m21s
Yuncheng	35°00'N	110°59'E	—	10:25:26.9	296	239	14	11:18:24.2	88	34	11:19:46.2	323	268	—				11:19:05.3	205	151	3	290	1.030	1.000	0.545	01m22s
Zaozhuang	34°53'N	117°34'E	—	10:24:30.5	293	237	9	—			—			—				11:10 Set	—	—	0	292	0.872	0.844		
Zhangye	38°56'N	100°27'E	—	10:18:40.9	299	244	24	11:15:12.8	150	97	11:16:43.3	264	211	12:09:17.3	115	65	3	11:15:58.2	27	334	13	283	1.033	1.000	0.457	01m30s
Zhengzhou	34°48'N	113°39'E	—	10:25:23.7	295	238	11	—			—			—				11:18:18.0	205	151	1	291	0.997	0.998		
Zhumadian	32°58'N	114°03'E	—	10:28:03.8	296	238	10	—			—			—				11:20 Set	—	—	0	292	0.999	1.000		
Zibo	36°47'N	118°01'E	—	10:21:39.1	292	237	9	—			—			—				11:12 Set	—	—	0	293	0.937	0.927		

TABLE 17

SOLAR ECLIPSES OF SAROS SERIES 126

First Eclipse: 1179 Mar 10   Duration of Series: 1280.1 yrs.
Last Eclipse: 2459 May 03   Number of Eclipses: 72

Saros Summary: Partial: 31   Annular: 28   Total: 10   Hybrid: 3

Date	Eclipse Type	Gamma	Mag./ Width	Durat.	Date	Eclipse Type	Gamma	Mag./ Width	Dura
1179 Mar 10	Pb	-1.5347	0.0551		1900 May 28	T	0.3943	92	02m1
1197 Mar 20	P	-1.4871	0.1342		1918 Jun 08	T	0.4658	112	02m2
1215 Mar 31	P	-1.4336	0.2236		1936 Jun 19	T	0.5389	132	02m3
1233 Apr 11	P	-1.3709	0.3292		1954 Jun 30	T	0.6135	153	02m3
1251 Apr 22	P	-1.3034	0.4436		1972 Jul 10	T	0.6871	175	02m3
1269 May 02	P	-1.2283	0.5712		1990 Jul 22	T	0.7595	201	02m3
1287 May 14	P	-1.1492	0.7065		2008 Aug 01	T	0.8306	237	02m2
1305 May 24	P	-1.0651	0.8508		2026 Aug 12	T	0.8976	294	02m1
1323 Jun 04	As	-0.9793	-	05m59s	2044 Aug 23	T	0.9612	452	02m0
1341 Jun 14	A	-0.8916	464	06m25s	2062 Sep 03	P	1.0189	0.9754	
1359 Jun 26	A	-0.8033	330	06m30s	2080 Sep 13	P	1.0721	0.8748	
1377 Jul 06	A	-0.7162	269	06m24s	2098 Sep 25	P	1.1181	0.7877	
1395 Jul 17	A	-0.6311	234	06m12s	2116 Oct 06	P	1.1587	0.7109	
1413 Jul 27	A	-0.5499	213	05m58s	2134 Oct 17	P	1.1929	0.6463	
1431 Aug 08	A	-0.4732	201	05m45s	2152 Oct 28	P	1.2211	0.5930	
1449 Aug 18	A	-0.4025	194	05m35s	2170 Nov 08	P	1.2423	0.5529	
1467 Aug 29	A	-0.3385	191	05m29s	2188 Nov 18	P	1.2589	0.5216	
1485 Sep 09	A	-0.2805	190	05m26s	2206 Dec 01	P	1.2709	0.4990	
1503 Sep 20	A	-0.2309	190	05m27s	2224 Dec 11	P	1.2789	0.4838	
1521 Sep 30	A	-0.1887	191	05m30s	2242 Dec 22	P	1.2833	0.4756	
1539 Oct 12	A	-0.1546	192	05m35s	2261 Jan 02	P	1.2870	0.4684	
1557 Oct 22	A	-0.1261	192	05m40s	2279 Jan 13	P	1.2895	0.4637	
1575 Nov 02	A	-0.1056	191	05m44s	2297 Jan 23	P	1.2937	0.4556	
1593 Nov 22	A	-0.0901	189	05m47s	2315 Feb 05	P	1.2987	0.4461	
1611 Dec 04	A	-0.0799	185	05m45s	2333 Feb 15	P	1.3084	0.4276	
1629 Dec 14	A	-0.0721	179	05m38s	2351 Feb 27	P	1.3204	0.4046	
1647 Dec 26	A	-0.0671	170	05m26s	2369 Mar 09	P	1.3388	0.3694	
1666 Jan 05	A	-0.0620	160	05m07s	2387 Mar 20	P	1.3619	0.3250	
1684 Jan 16	A	-0.0561	147	04m43s	2405 Mar 31	P	1.3925	0.2661	
1702 Jan 28	A	-0.0481	132	04m14s	2423 Apr 11	P	1.4278	0.1979	
1720 Feb 08	A	-0.0372	115	03m40s	2441 Apr 21	P	1.4702	0.1158	
1738 Feb 18	A	-0.0208	96	03m03s	2459 May 03	Pe	1.5184	0.0223	
1756 Mar 01	A	0.0009	76	02m24s					
1774 Mar 12	A	0.0287	55	01m43s					
1792 Mar 22	A	0.0620	33	01m02s					
1810 Apr 04	A	0.1033	12	00m21s					
1828 Apr 14	Hm	0.1500	10	00m18s					
1846 Apr 25	H	0.2039	31	00m53s					
1864 May 06	H	0.2622	52	01m25s					
1882 May 17	T	0.3269	72	01m50s					

Eclipse   P - Partial   Pb - Partial Eclipse (Saros Series Begins)
Type: A - Annular   Pe - Partial Eclipse (Saros Series Ends)
           T - Total   Hm - Middle eclipse of Saros series
           H - Hybrid (Annular/Total)   As - Annular Eclipse (no southern limit)

Note: Mag./Width column gives either the eclipse magnitude (for partial eclipses)
       or the umbral path width in kilometers (for total and annular eclipses).

Total Solar Eclipse of 2008 August 01

Table 18: Cloud Cover Statistics for August along the Eclipse Path

Location	Percent of possible sunshine	Percent Frequency of (cloud cover) at eclipse time				
		Clear	Scattered	Broken	Overcast	Obscured
Canada						
Alert*	32	2.3	19.1	31.3	41.1	6.2
Resolute	22	0.8	16.6	27.3	44.2	11
Eureka	32	2.7	19.2	42.3	34.7	1.1
Cambridge Bay	34					
Greenland						
Thule		6.3	25.1	31.7	29.9	7.0
Danmarkshavn		13.3	31.8	21	28.8	5.1
Norway						
Longyearbyen, Spitsbergen		0.2	15.0	54.8	29.0	1.1
Ny-Alesund, Spitsbergen	18	2.7	15.4	35.8	44.7	1.4
Bear Island (Bjornoya)		0.3	11.0	36.4	37.0	15.3
Hopen Island		1	13.2	26.5	40.3	19
Jan Mayen Island		0.2	11.2	34.9	40.9	12.8
Barentsburg, Spitsbergen		3.3	12.4	47.8	35.5	1
Russia						
Nagurskoye, Franz Josef Land		1.3	8.1	49.7	37.6	3.4
Krenkel Polar, Franz Josef Land		1.7	6.1	53.2	35	4.9
Viktoriya Island, Franz Josef Land*		4.2	4.9	37.9	34.1	19.2
Russkaya Gavan', Novaya Zemlya		6.8	9.1	45.2	36.8	2.1
Belyy Island		5.4	11.2	35.5	41.1	6.8
Malye Karmakuly, Novaya Zemlya	23	7.1	16.3	40.9	33.1	2.7
Novy Port*		4.7	15.9	49.2	29.3	0.9
Vorkuta		3.6	10.7	37.2	48.5	0
Yar Sale*		3	12.7	47.7	36.6	0
Salekhard	35	3.3	12.2	41.5	42.6	0.4
Tarko-Sale	36					
Surgut	42					
Khanty-Mansiysk	45	3	17.1	48.2	31.7	0
Kolpashevo	43					
Tara	49					
Barabinsk	52					
Novosibirsk*	53	7.2	25	34	33.8	0
Novokuznetsk		7.8	17.9	44.4	30	0
Barnaul*	57					
Mongolia						
Hovd*	67					
Kazakhstan						
Leninogorsk	63					
Zaysan	70					
Semey	68					
China						
Urumqi	71	7.4	41	43.1	8.6	0
Altay*	73					
Hami*	76					
Jiuquan*	67					
Yinchuan	66	5.2	45.1	36.8	12.6	0.3
Xi'an*	54	7.1	35.1	32.4	25.2	0.2
Zhengzhou	51					
Beijing	54	5.6	34.7	36.8	22.9	0

* = within the eclipse track

Percent of possible sunshine: the percent of time from sunrise to sunset represented by the hourly sunshine in the previous column. This statistic is probably the best for determining the probability of seeing the eclipse. Data from various sources.

Percent frequency of clear, scattered, broken, overcast, and obscured cloud conditions: Clear skies are those with less than 1/10th sky cover; scattered, 1-5 tenths; broken, 6-9 tenths; and overcast, 10-tenths. Data are for the time of day closest to totality, broken into three-hour intervals (0, 3, 6, 12…). Data from the International Station Meteorological Climate Summary.

Table 19: Climate Statistics for August along the Eclipse Path

Location	Pcpn Amount (mm)	Days with rain	% obs with t-storms at eclipse time	% obs with pcpn at eclipse time	% obs with fog	% obs with smoke or haze at eclipse time	% obs with dust or sand	% of obs with obstructions to vision	Tmax (°C)	Tmin (°C)
Canada										
Alert*	21.2	10.1	0	21.6	20.7	0	0	21	3	-2
Resolute	34.3	13.4	0	28.7	27.4	0	0	27.4	4	-1
Eureka	14.9	8.2	0	17.1	2.2	0	0	2.2	5	0
Cambridge Bay	26.7	13.1							9	3
Greenland										
Thule	16.7	2	0	20.1	14.9	0.2	0.2	15.2	6	1
Danmarkshavn	5		0	20.9	23.6	0	0	23.6		
Norway										
Longyearbyen, Spitsbergen	24.8		0	19.6	5	0	0	5	7	3
Ny-Alesund, Spitsbergen	13.6		0	18.8	3.8	0	0	3.8	6	3
Bear Island (Bjornoya)	36.4	18.6	0	13.5	30.6	0.2	0	30.7	6	4
Hopen Island		20	0	18.1	35.9	0	0	35.9	4	2
Jan Mayen Island	74		0	26.9	25	0	0	25	7	4
Barentsburg, Spitsbergen		21	0	23.1	2.8	0	0	2.8	6	3
Russia										
Nagurskoye, Franz Josef Land		16	0	18.3	20.2	0	0	22.3	1	-1
Krenkel Polar, Franz Josef Land	23	15	0	21.3	11.1	0	0	12.8	1	-1
Viktoriya Island, Franz Josef Land*			0.2	14.6	38.4	0	0	39.5	1	-1
Russkaya Gavan', Novaya Zemlya		18	0	20.3	9.2	0.4	0	9.8	5	2
Belyy Island			0	15.9	14	0.2	0	14.2	7	2
Malye Karmakuly, Novaya Zemlya	50	9.2	0	10.7	14.5	0	0	14.5	8	5
Novy Port*			0.2	11.6	1.1	1.3	0	2.4	13	8
Vorkuta			0.6	25.6	1.9	0.4	0	2.3	13	6
Yar Sale*			0	13.2	0.4	3	0	3.4	5	2
Salekhard	62	9.6	1	15.4	1	1.2	0	2.4	15	7
Tarko-Sale	64	9.4								
Khanty-Mansiysk	66	9.5	1.2	16.1	1.8	4.4	0.2	6.3	19	10
Tara	66	9.5								
Barabinsk	53	8.5								
Novosibirsk*	60		3.1	15.2	0.8	1.2	0	1.9	22	12
Novokuznetsk			5.3	15.2	0	0	0	0	21	11
Barnaul*	50	8							23	11
Mongolia										
Hovd*	23	4							23	10
Kazakhstan										
Leninogorsk	76	9.4								
Zaysan	4.3	24								
China										
Urumqi	31	6	0.2	9.8	0	0	0.5	0.5	30	18
Altay*	22	4.1							28	15
Hami*	7	1.5							34	19
Jiuquan*	17	3.1							28	14
Yinchuan	52	5.5	2.4	10.1	0	0	1.8	1.8	28	16
Xi'an*	67	6.6	1.4	14.7	9.4	4.5	0.5	14.5	31	21
Zhengzhou	117	7.1							31	22
Beijing	182	9.4	6.8	16	22.7	5.7	0.2	33.3	30	20

* = within the eclipse track

Table 19: Climatological statistics along the eclipse path. Data are for the time of day closest to totality, broken into three-hour intervals (0, 3, 6, 12…). Data from the International Station Meteorological Climate Summary (NCDC).

Description of elements:

% obs with…: Percent of observations with the indicated element. "Obstructions to vision" includes fog, haze, and blowing snow, dust, or sand. Data are for the time of day closest to totality, broken into three-hour intervals (0, 3, 6, 12…). Data from the International Station Meteorological Climate Summary (NCDC).

Tmax, Tmin: average maximum and minimum temperatures. Data from various sources.

Total Solar Eclipse of 2008 August 01

TABLE 20
FIELD OF VIEW AND SIZE OF SUN'S IMAGE FOR VARIOUS PHOTOGRAPHIC FOCAL LENGTHS

Focal Length	Field of View (35mm)	Field of View (digital)	Size of Sun
14 mm	98° x 147°	65° x 98°	0.2 mm
20 mm	69° x 103°	46° x 69°	0.2 mm
28 mm	49° x 74°	33° x 49°	0.2 mm
35 mm	39° x 59°	26° x 39°	0.3 mm
50 mm	27° x 40°	18° x 28°	0.5 mm
105 mm	13° x 19°	9° x 13°	1.0 mm
200 mm	7° x 10°	5° x 7°	1.8 mm
400 mm	3.4° x 5.1°	2.3° x 3.4°	3.7 mm
500 mm	2.7° x 4.1°	1.8° x 2.8°	4.6 mm
1000 mm	1.4° x 2.1°	0.9° x 1.4°	9.2 mm
1500 mm	0.9° x 1.4°	0.6° x 0.9°	13.8 mm
2000 mm	0.7° x 1.0°	0.5° x 0.7°	18.4 mm

Image Size of Sun (mm) = Focal Length (mm) / 109

TABLE 21
SOLAR ECLIPSE EXPOSURE GUIDE

ISO				f/Number					
25	1.4	2	2.8	4	5.6	8	11	16	22
50	2	2.8	4	5.6	8	11	16	22	32
100	2.8	4	5.6	8	11	16	22	32	44
200	4	5.6	8	11	16	22	32	44	64
400	5.6	8	11	16	22	32	44	64	88
800	8	11	16	22	32	44	64	88	128
1600	11	16	22	32	44	64	88	128	176

Subject	Q				Shutter Speed				
Solar Eclipse									
Partial[1] - 4.0 ND	11	—	—	—	1/4000	1/2000	1/1000	1/500	1/250	1/125
Partial[1] - 5.0 ND	8	1/4000	1/2000	1/1000	1/500	1/250	1/125	1/60	1/30	1/15
Baily's Beads[2]	11	—	—	—	1/4000	1/2000	1/1000	1/500	1/250	1/125
Chromosphere	10	—	—	1/4000	1/2000	1/1000	1/500	1/250	1/125	1/60
Prominences	9	—	1/4000	1/2000	1/1000	1/500	1/250	1/125	1/60	1/30
Corona - 0.1 Rs	7	1/2000	1/1000	1/500	1/250	1/125	1/60	1/30	1/15	1/8
Corona - 0.2 Rs[3]	5	1/500	1/250	1/125	1/60	1/30	1/15	1/8	1/4	1/2
Corona - 0.5 Rs	3	1/125	1/60	1/30	1/15	1/8	1/4	1/2	1 sec	2 sec
Corona - 1.0 Rs	1	1/30	1/15	1/8	1/4	1/2	1 sec	2 sec	4 sec	8 sec
Corona - 2.0 Rs	0	1/15	1/8	1/4	1/2	1 sec	2 sec	4 sec	8 sec	15 sec
Corona - 4.0 Rs	-1	1/8	1/4	1/2	1 sec	2 sec	4 sec	8 sec	15 sec	30 sec
Corona - 8.0 Rs	-3	1/2	1 sec	2 sec	4 sec	8 sec	15 sec	30 sec	1 min	2 min

Exposure Formula: $t = f^2 / (I \times 2^Q)$ where: t = exposure time (sec)
f = f/number or focal ratio
I = ISO film speed
Q = brightness exponent

Abbreviations: ND = Neutral Density Filter.
Rs = Solar Radii.

Notes: [1] Exposures for partial phases are also good for annular eclipses.
[2] Baily's Beads are extremely bright and change rapidly.
[3] This exposure also recommended for the 'Diamond Ring' effect.

F. Espenak - 2006 Oct

FIGURES

FIGURE 1: ORTHOGRAPHIC PROJECTION MAP OF THE ECLIPSE PATH
Total Solar Eclipse of 2008 Aug 01

Equatorial Conjunction = 09:47:21.4 UT   J.D. = 2454679.907887
Ecliptic Conjunction = 10:12:33.5 UT   J.D. = 2454679.925387
Greatest Eclipse = 10:21:06.8 UT   J.D. = 2454679.931329

Eclipse Magnitude = 1.0394   Gamma = 0.8307

Saros Series = 126   Member = 47 of 72

Sun at Greatest Eclipse
(Geocentric Coordinates)

R.A. = 08h47m54.1s
Dec. = +17°51'56.4"
S.D. = 00°15'45.5"
H.P. = 00°00'08.7"

Moon at Greatest Eclipse
(Geocentric Coordinates)

R.A. = 08h49m08.8s
Dec. = +18°38'01.5"
S.D. = 00°16'14.1"
H.P. = 00°59'34.8"

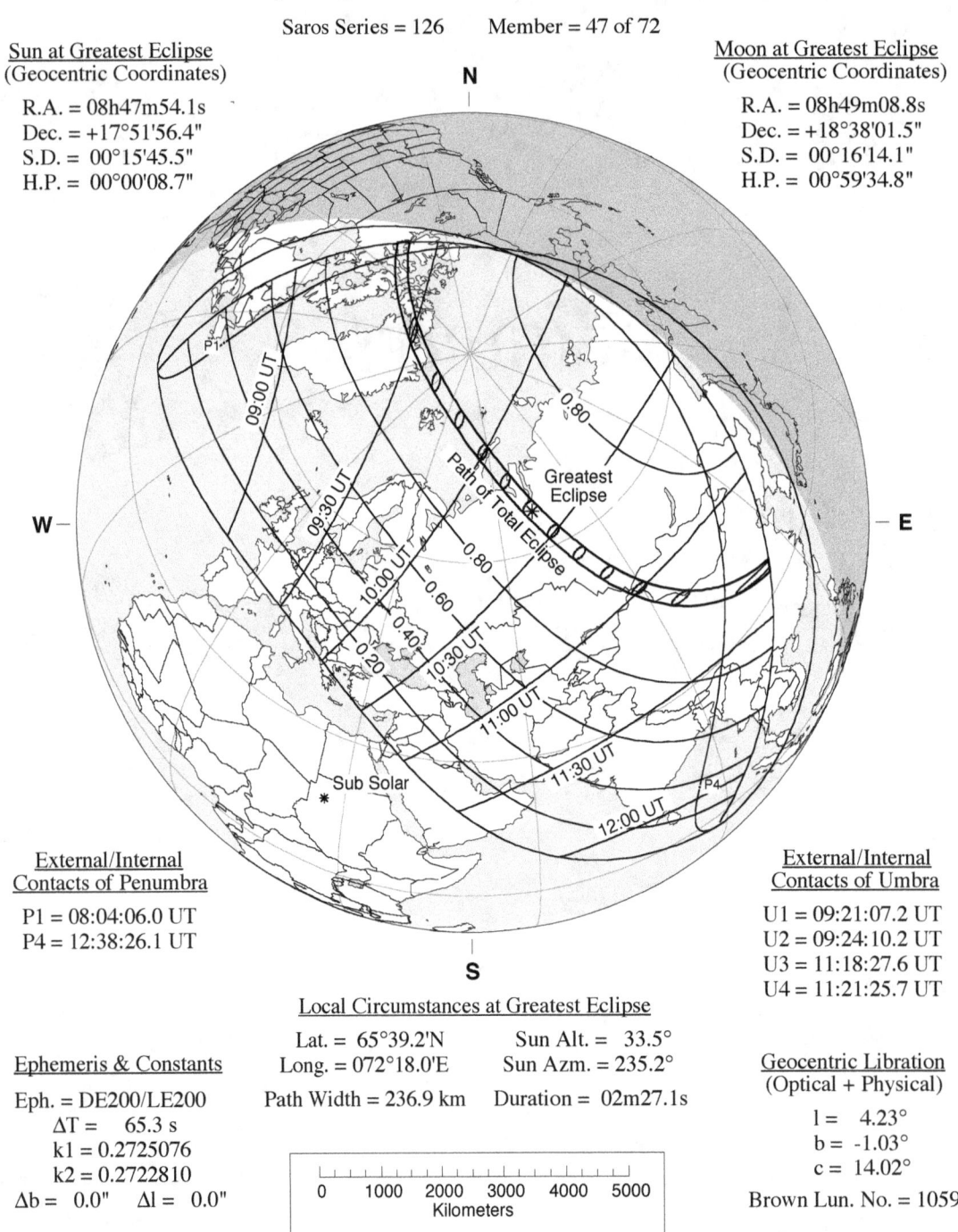

External/Internal
Contacts of Penumbra

P1 = 08:04:06.0 UT
P4 = 12:38:26.1 UT

External/Internal
Contacts of Umbra

U1 = 09:21:07.2 UT
U2 = 09:24:10.2 UT
U3 = 11:18:27.6 UT
U4 = 11:21:25.7 UT

Local Circumstances at Greatest Eclipse

Lat. = 65°39.2'N   Sun Alt. = 33.5°
Long. = 072°18.0'E   Sun Azm. = 235.2°
Path Width = 236.9 km   Duration = 02m27.1s

Ephemeris & Constants

Eph. = DE200/LE200
ΔT = 65.3 s
k1 = 0.2725076
k2 = 0.2722810
Δb = 0.0" Δl = 0.0"

Geocentric Libration
(Optical + Physical)

l = 4.23°
b = -1.03°
c = 14.02°

Brown Lun. No. = 1059

Figure 2: Stereographic Projection Map of the Eclipse
Total Solar Eclipse of 2008 August 01

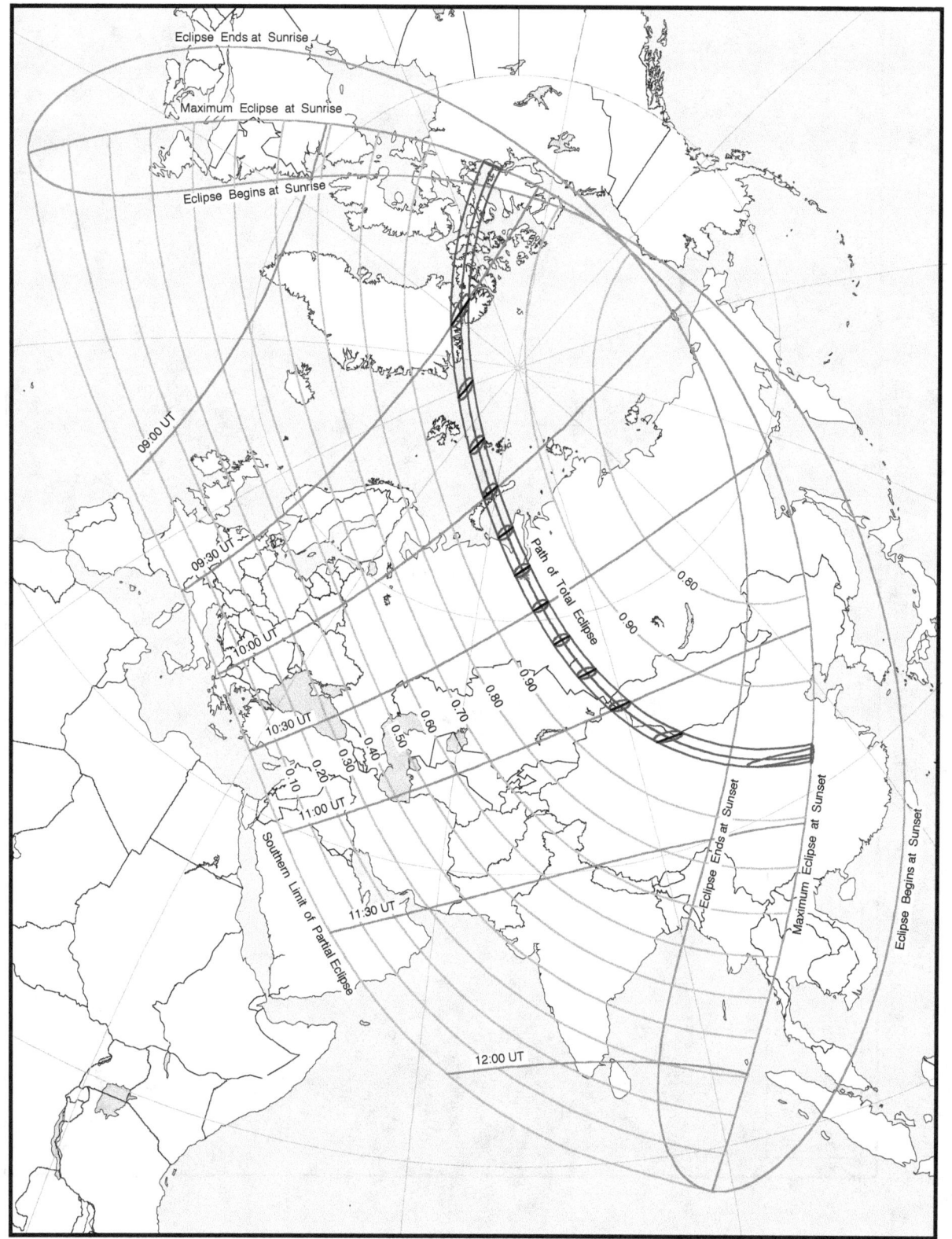

Figure 3: Path of the Eclipse Through Canada and Greenland

Total Solar Eclipse of 2008 August 01

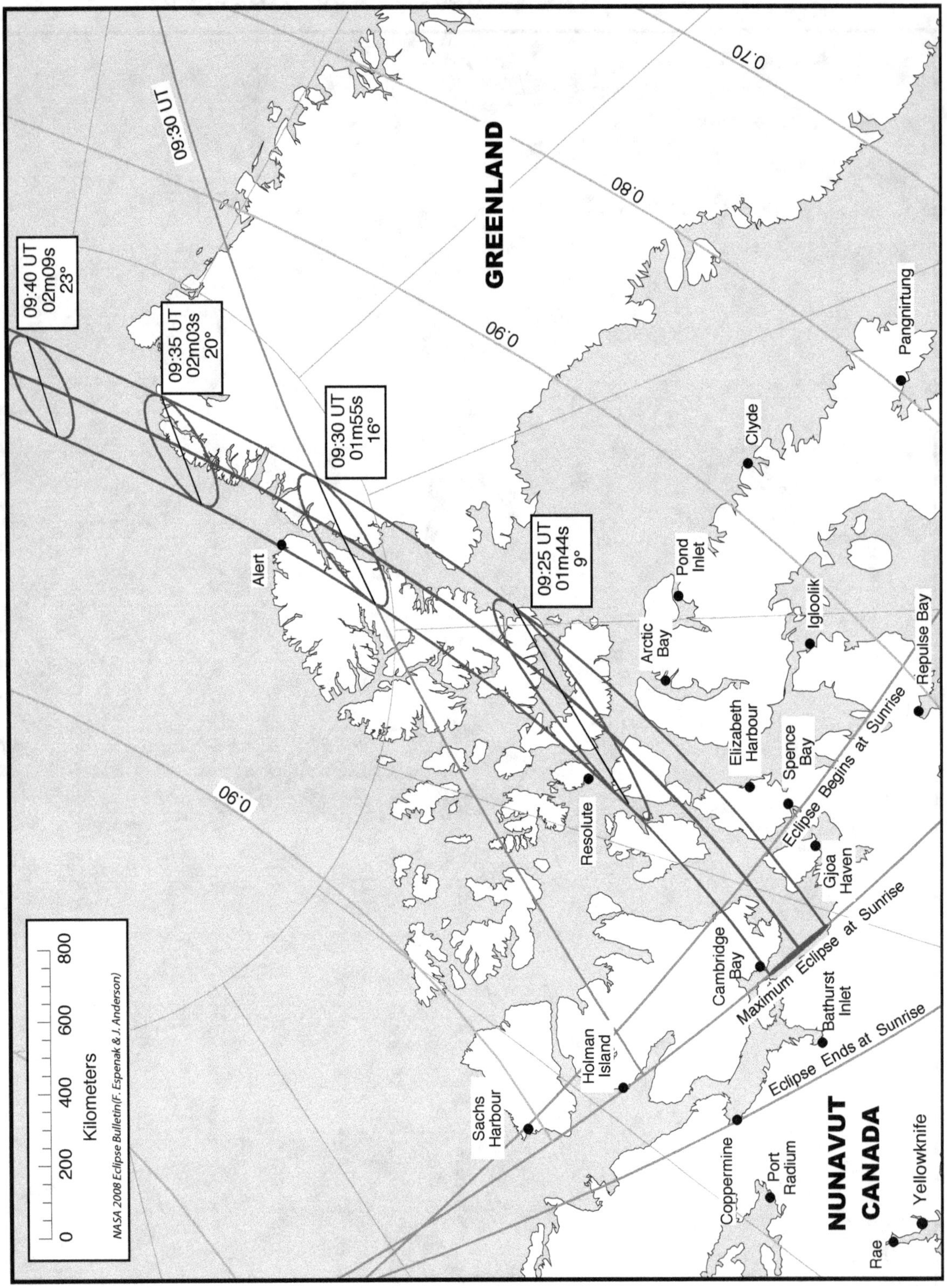

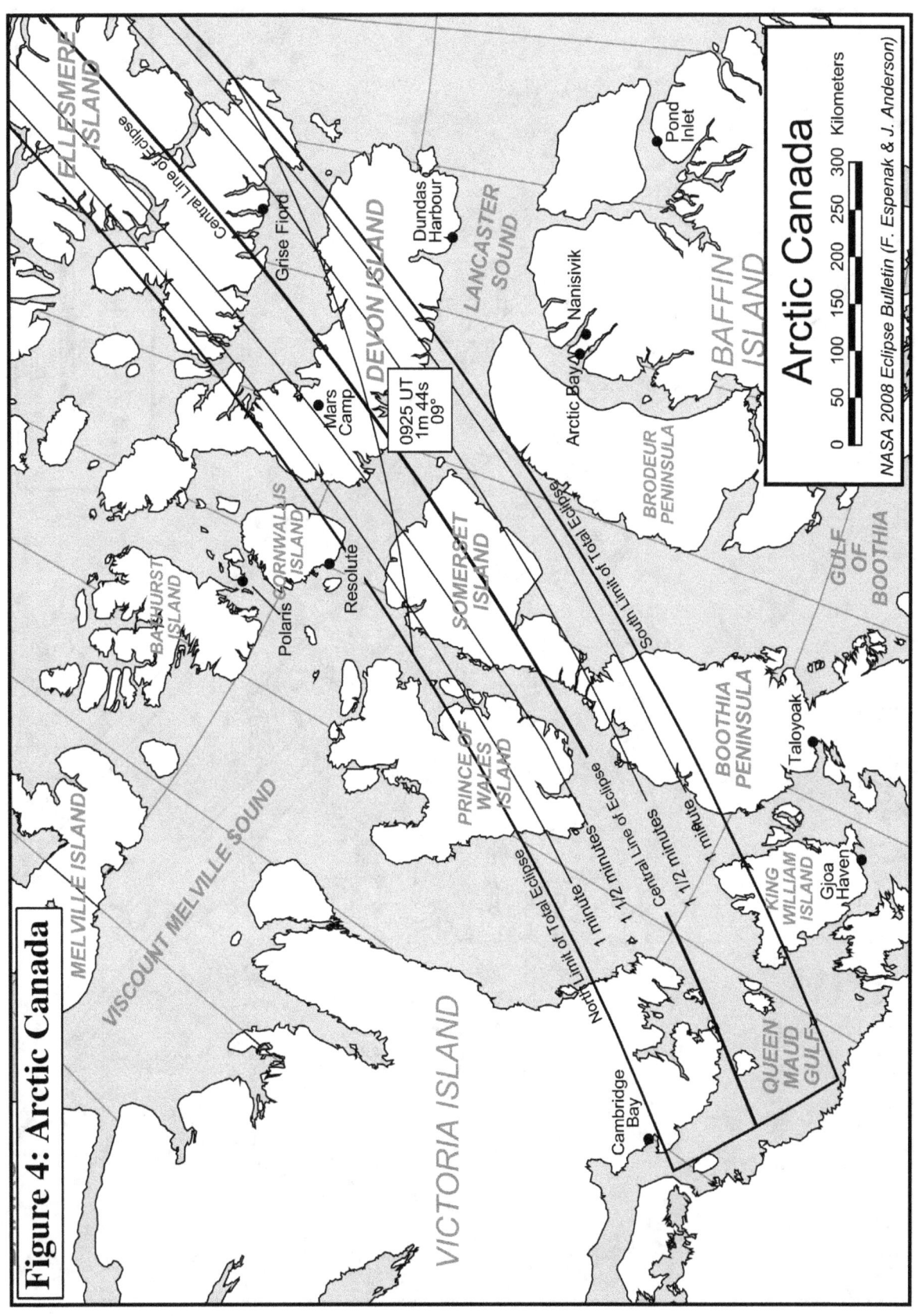

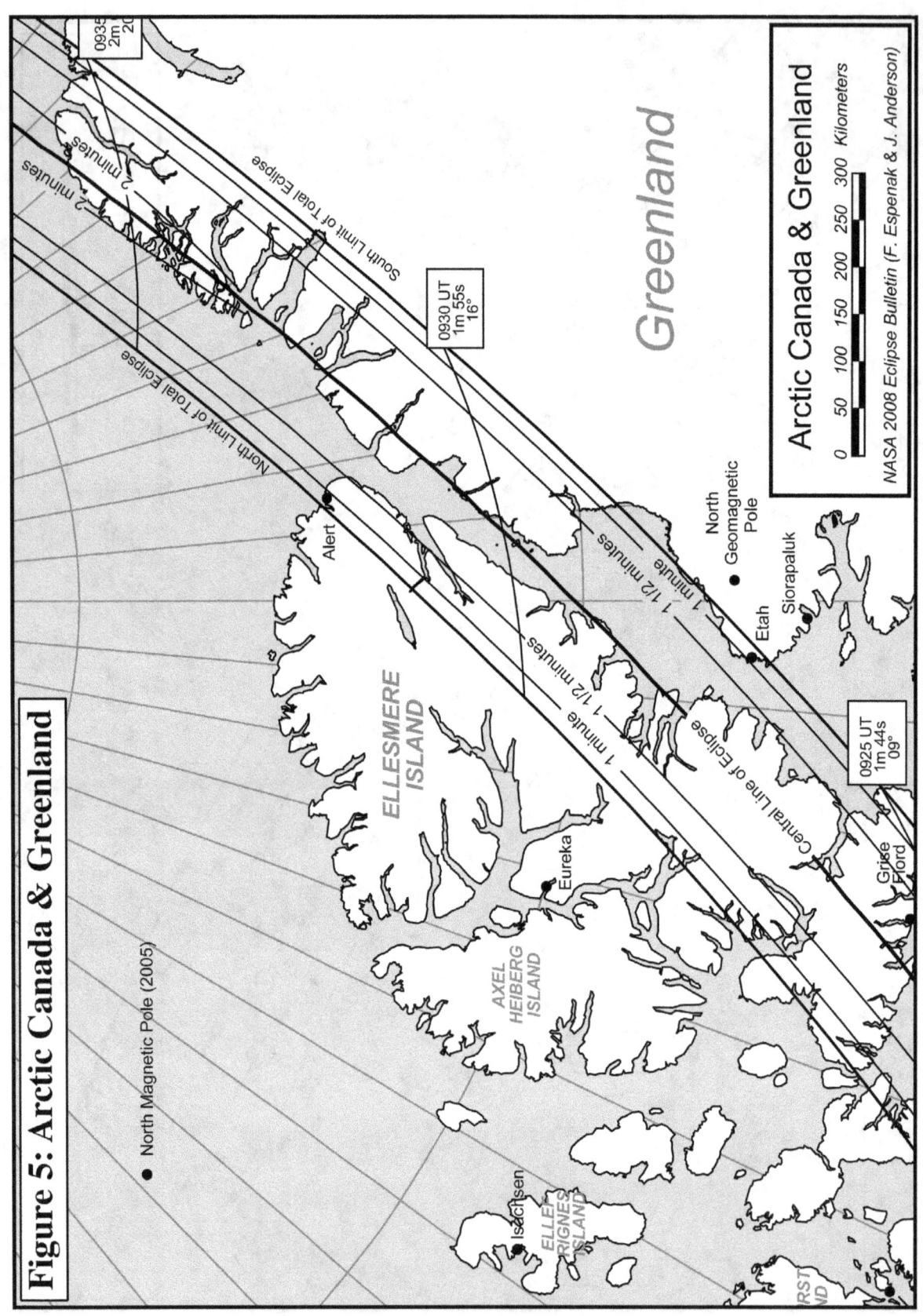

Figure 5: Arctic Canada & Greenland

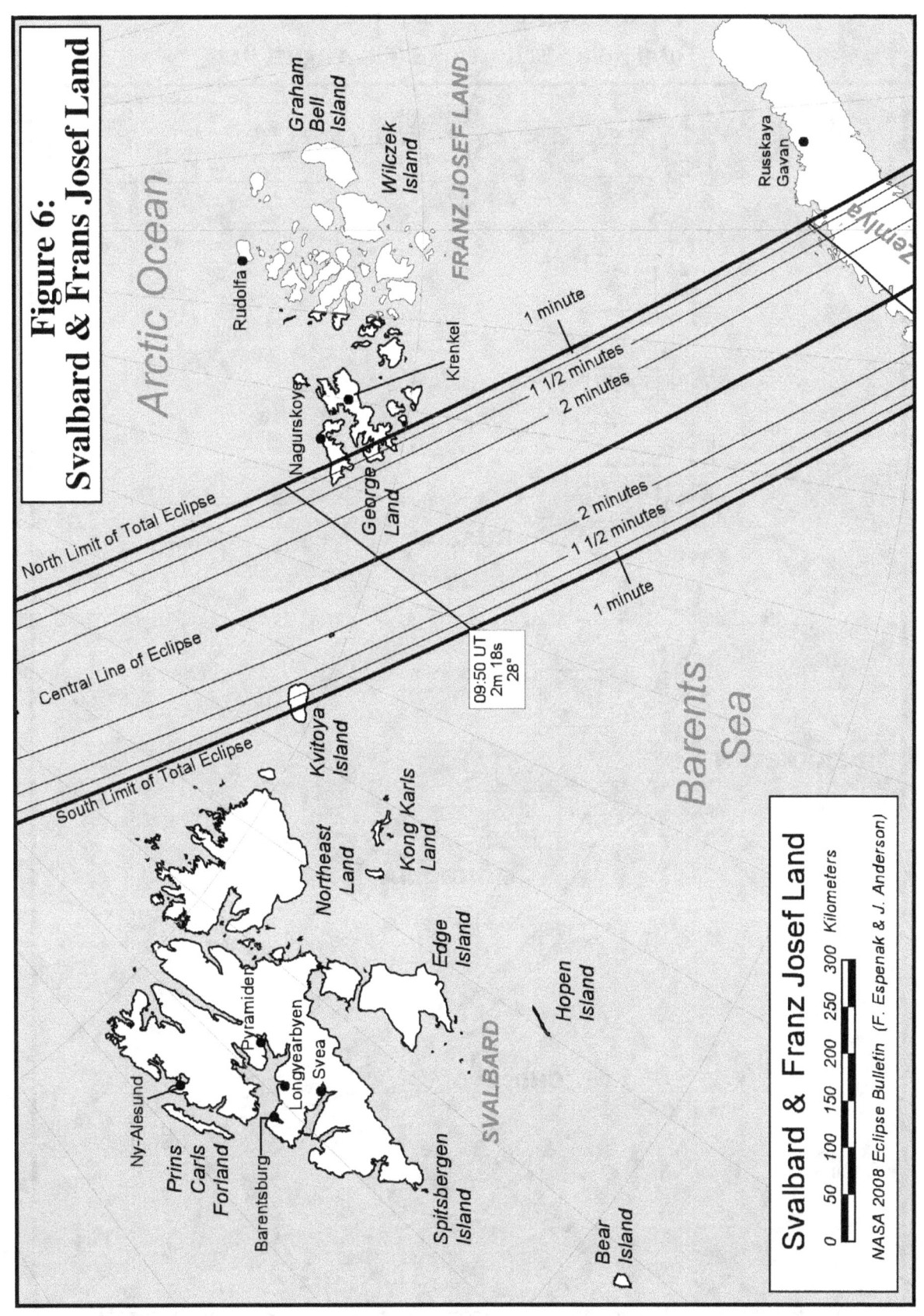

FIGURE 7: PATH OF THE ECLIPSE THROUGH ASIA
Total Solar Eclipse of 2008 August 01

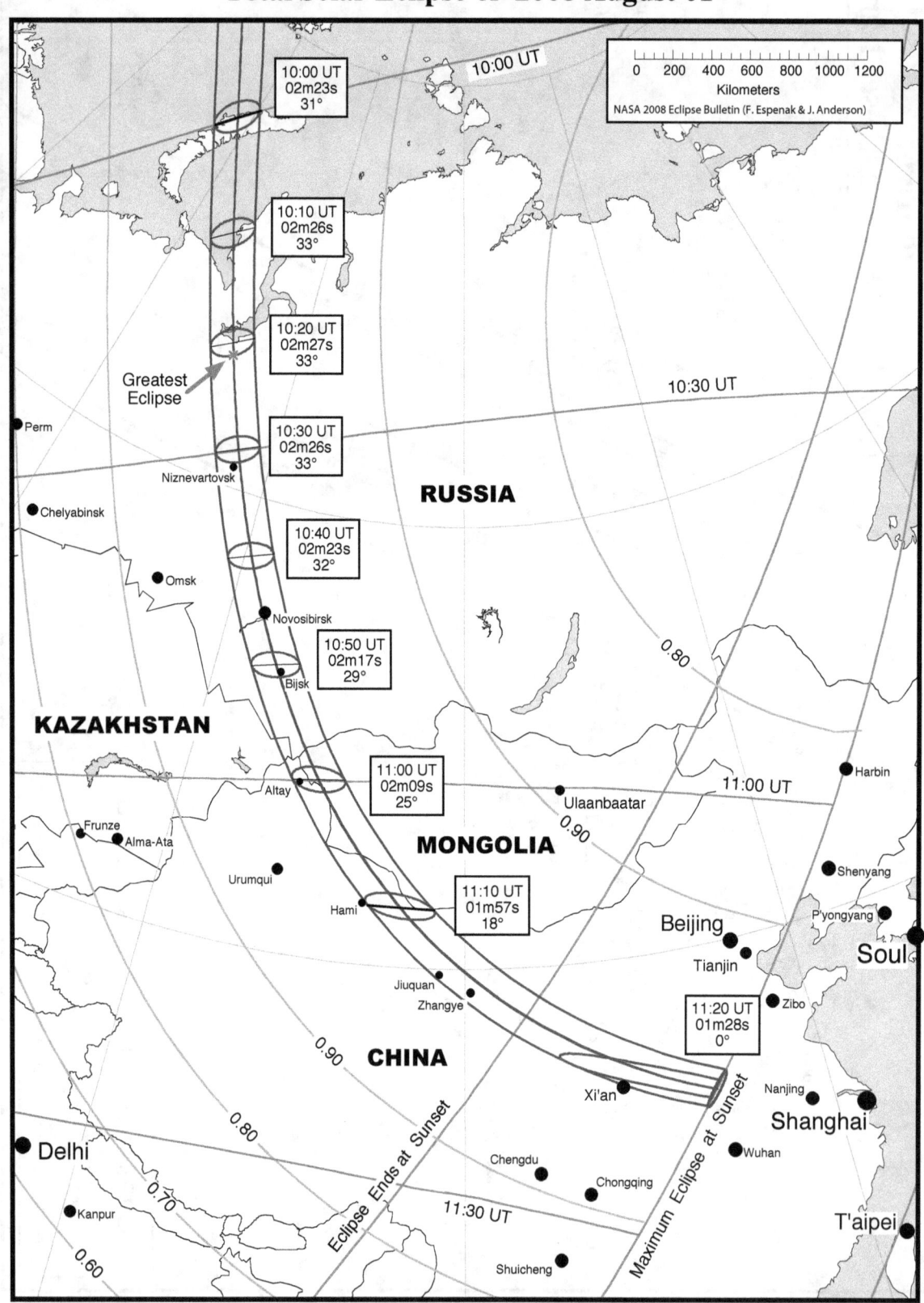

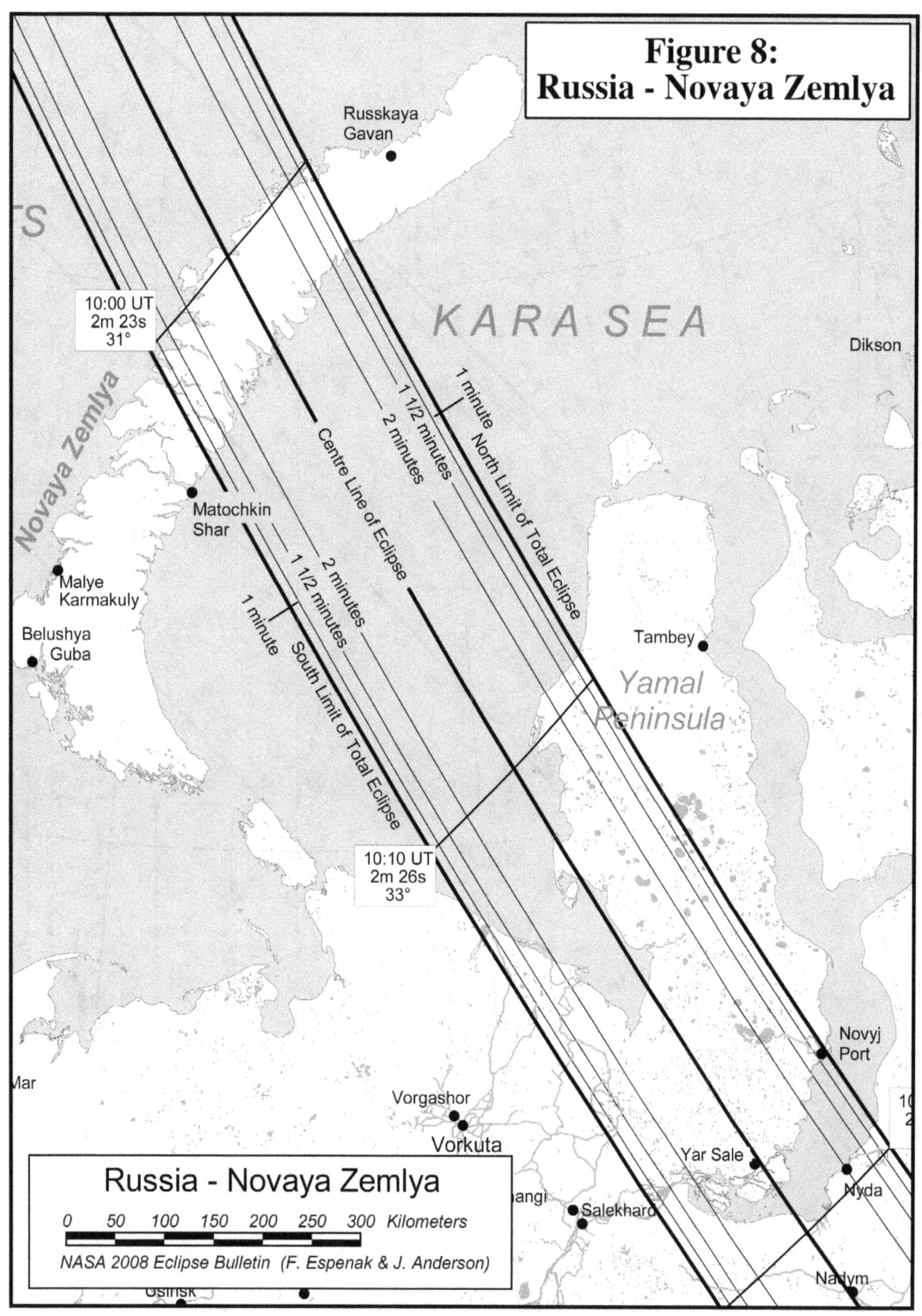

Total Solar Eclipse of 2008 August 01

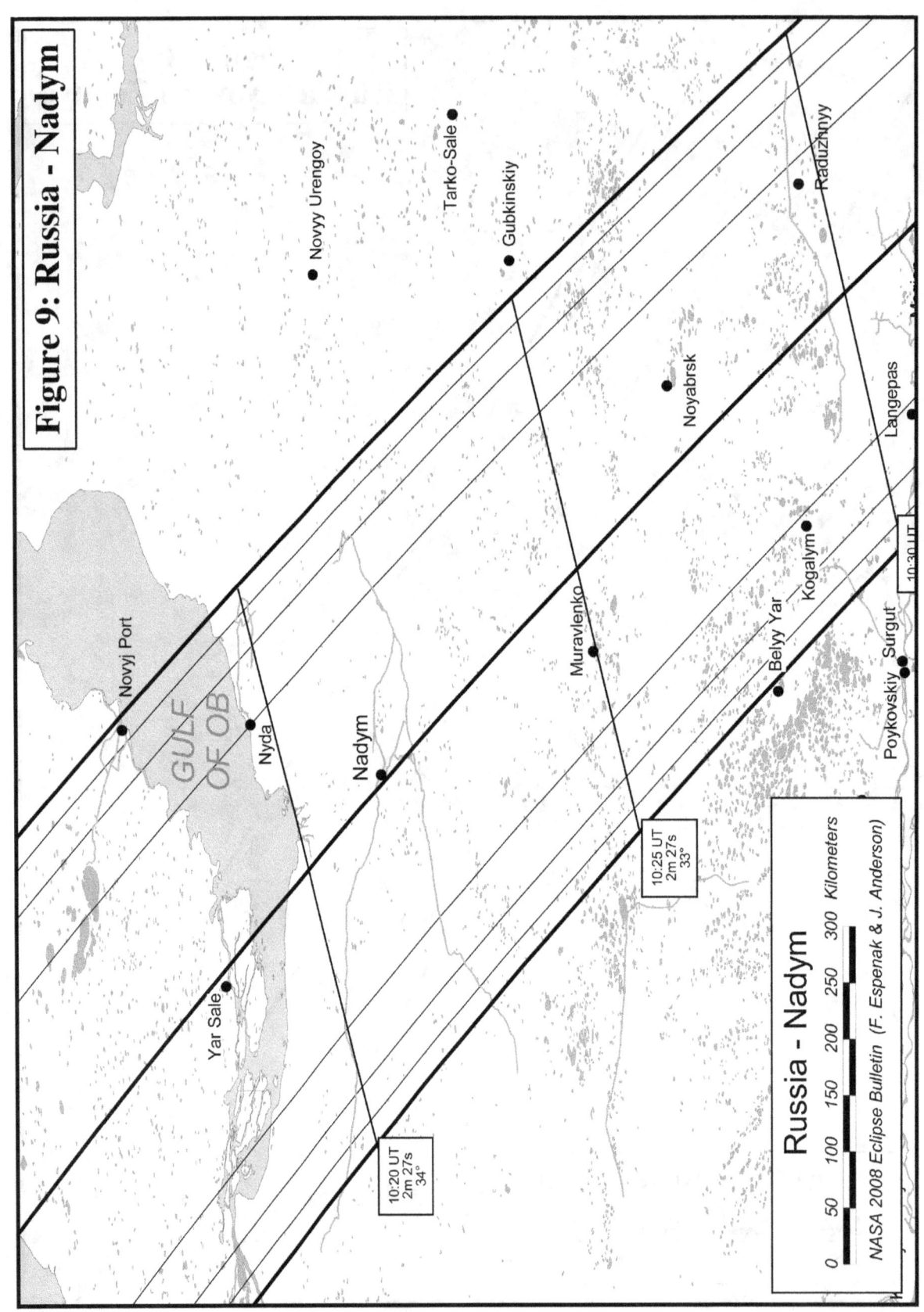

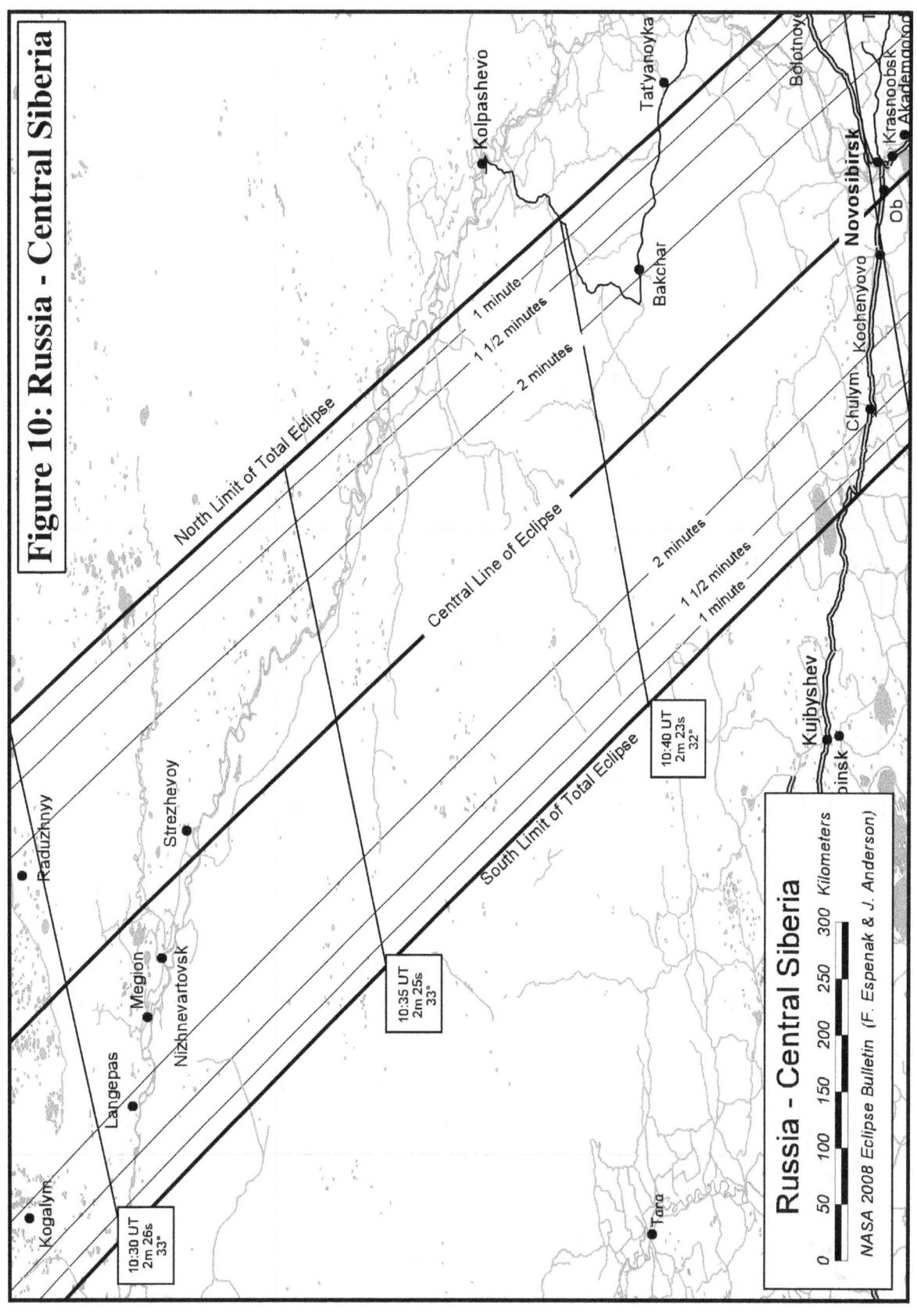

Total Solar Eclipse of 2008 August 01

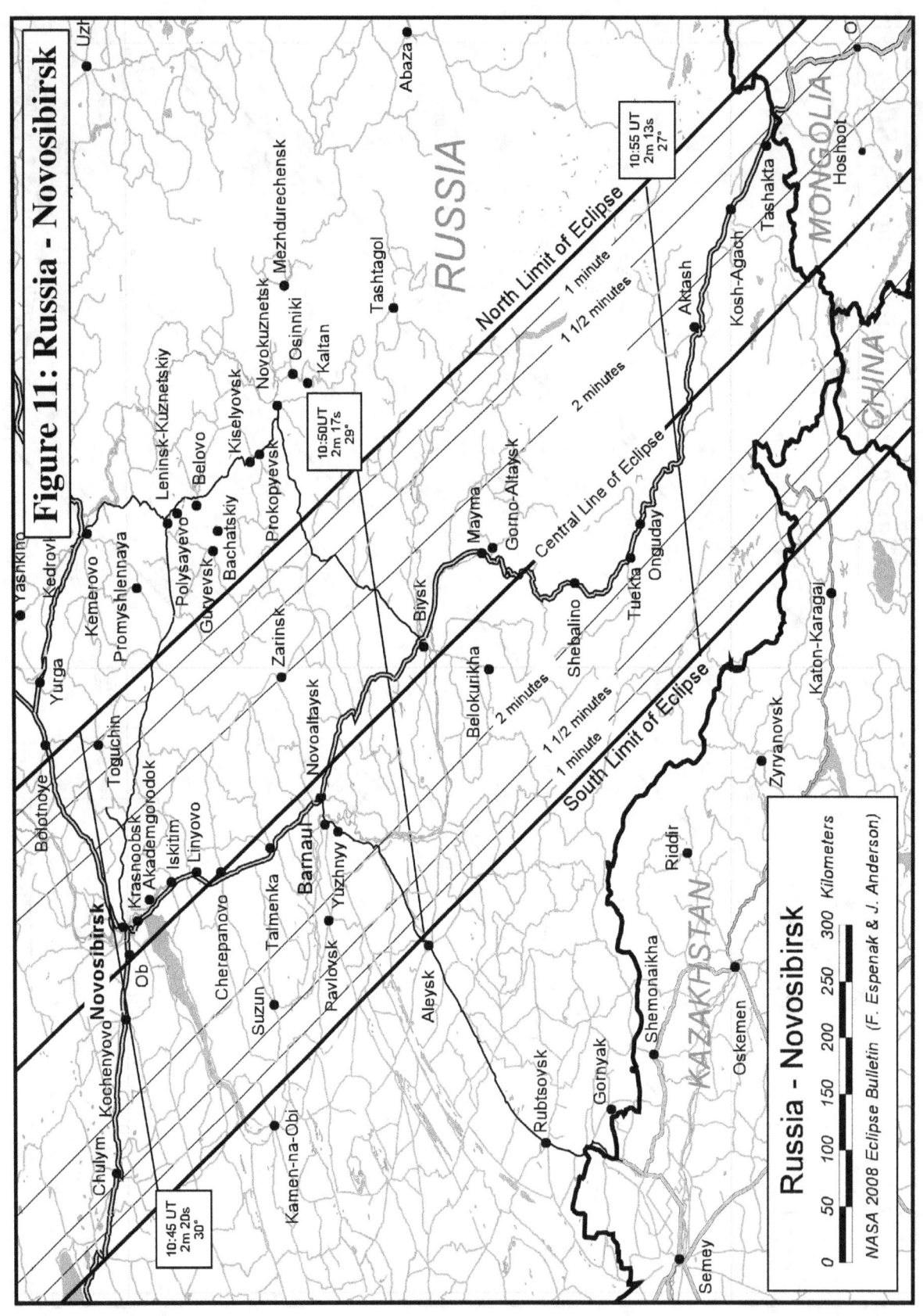

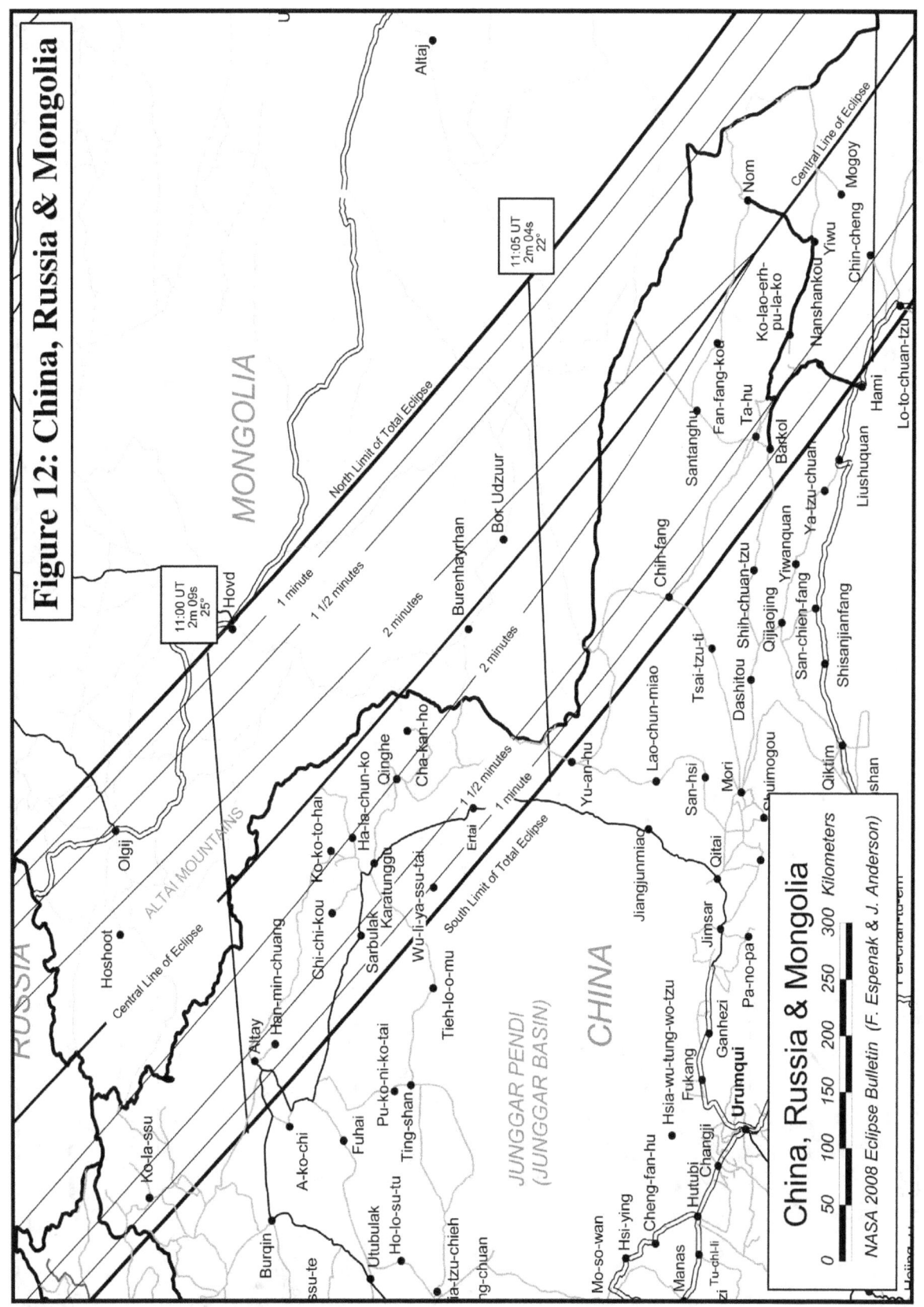

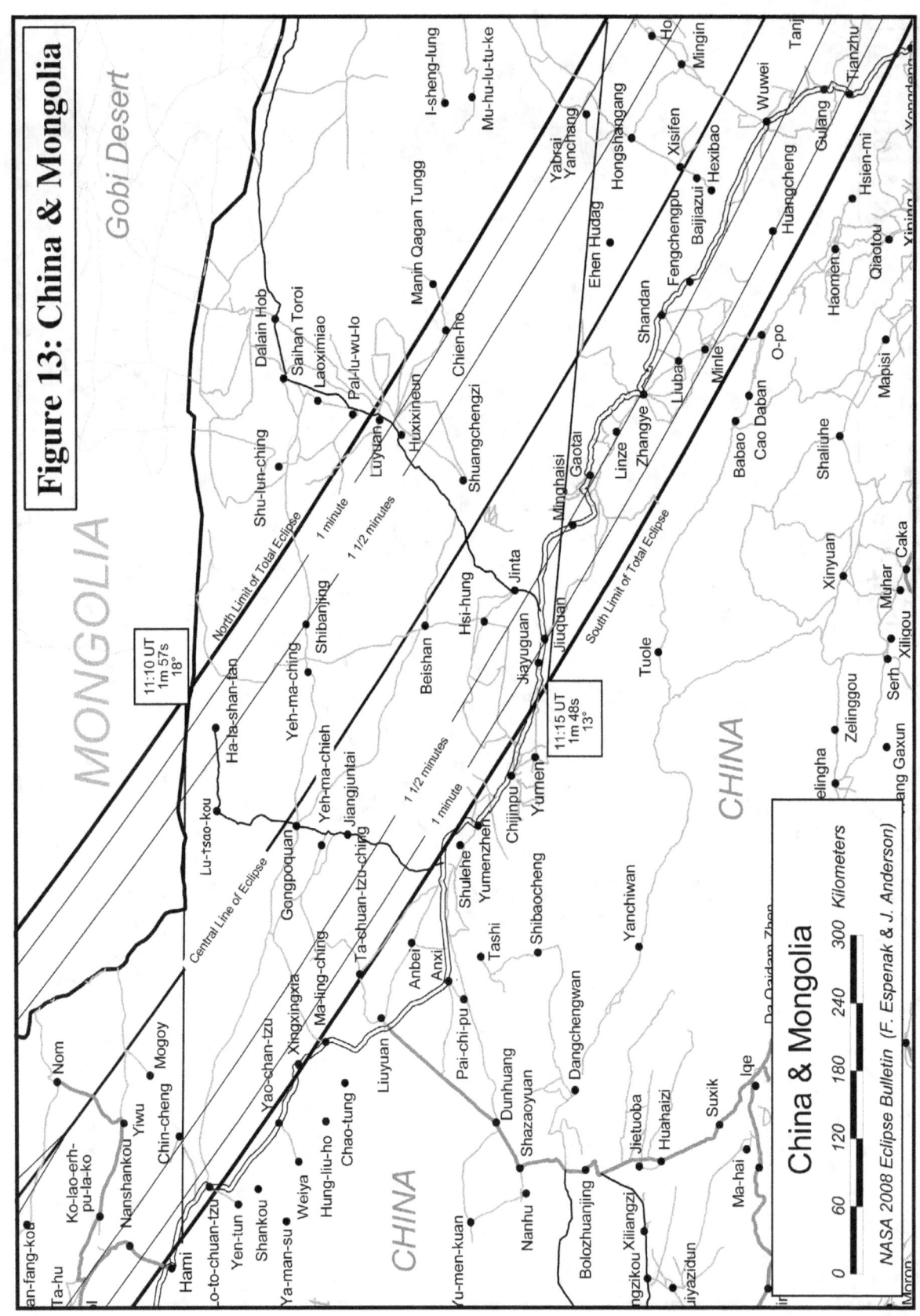

Figure 13: China & Mongolia

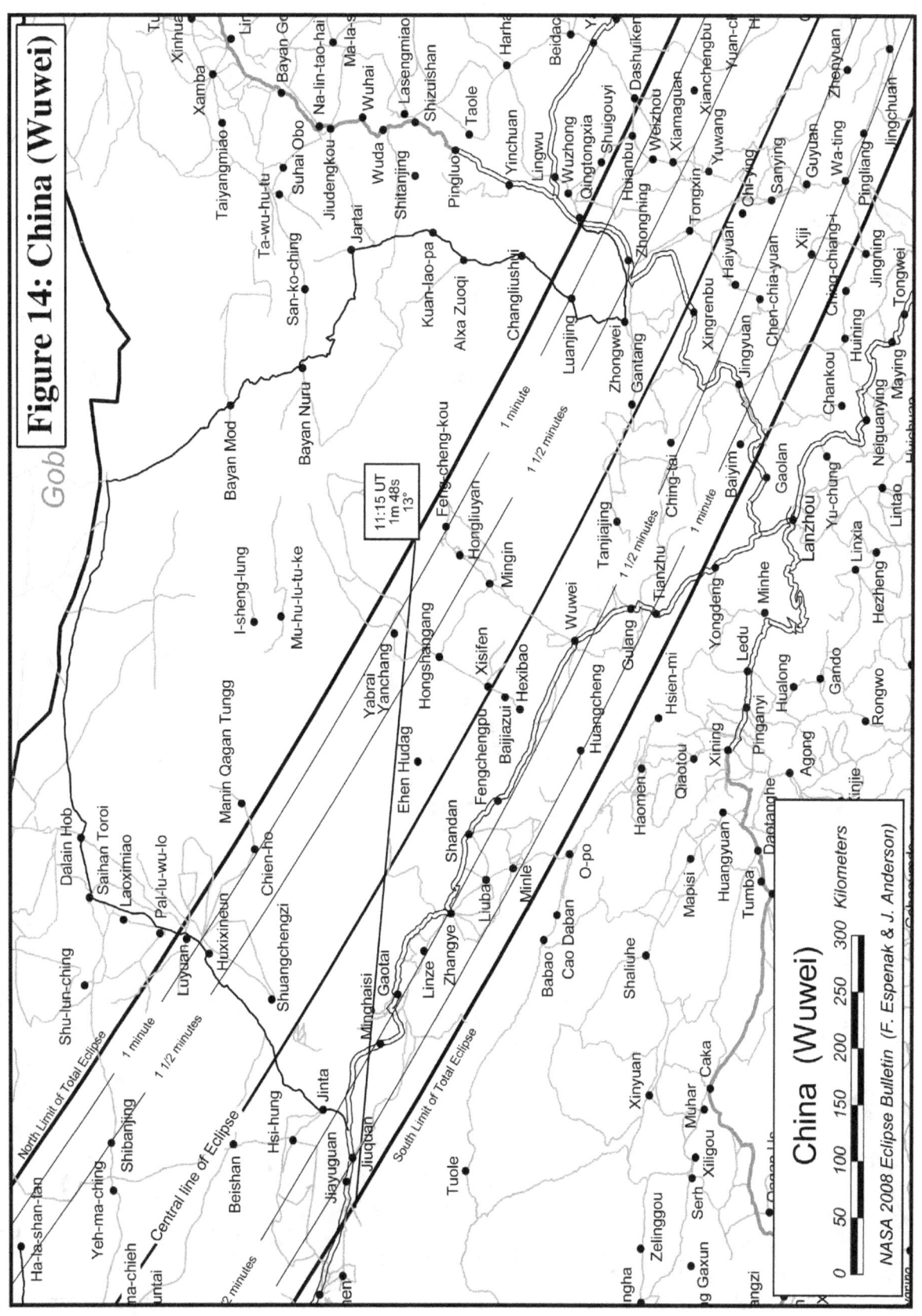

Total Solar Eclipse of 2008 August 01

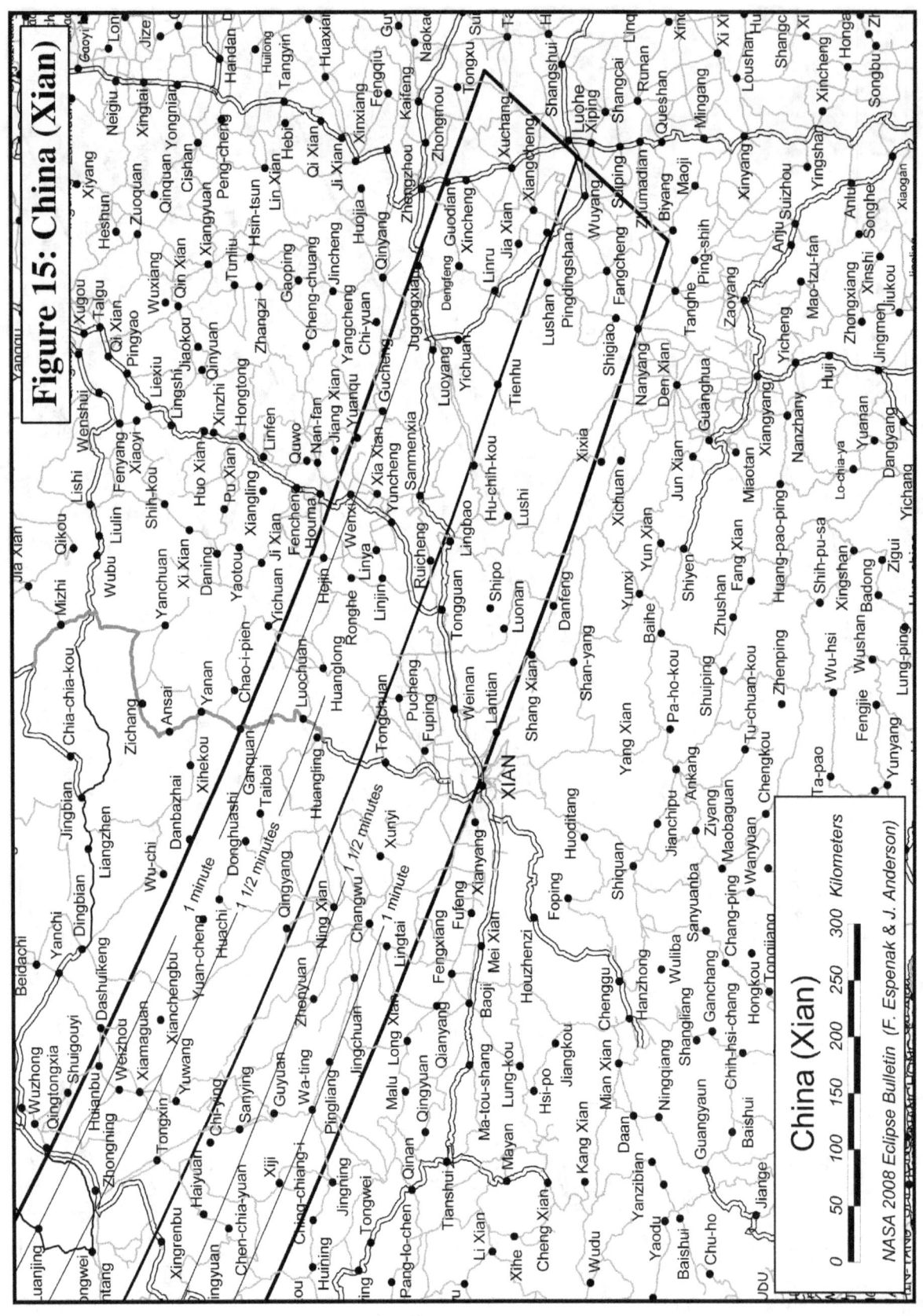

Figure 16 - Lunar Limb Profile for Aug 01 at 11:00 UT
Total Solar Eclipse of 2008 Aug 01

Moon/Sun Diameter Ratio = 1.0367

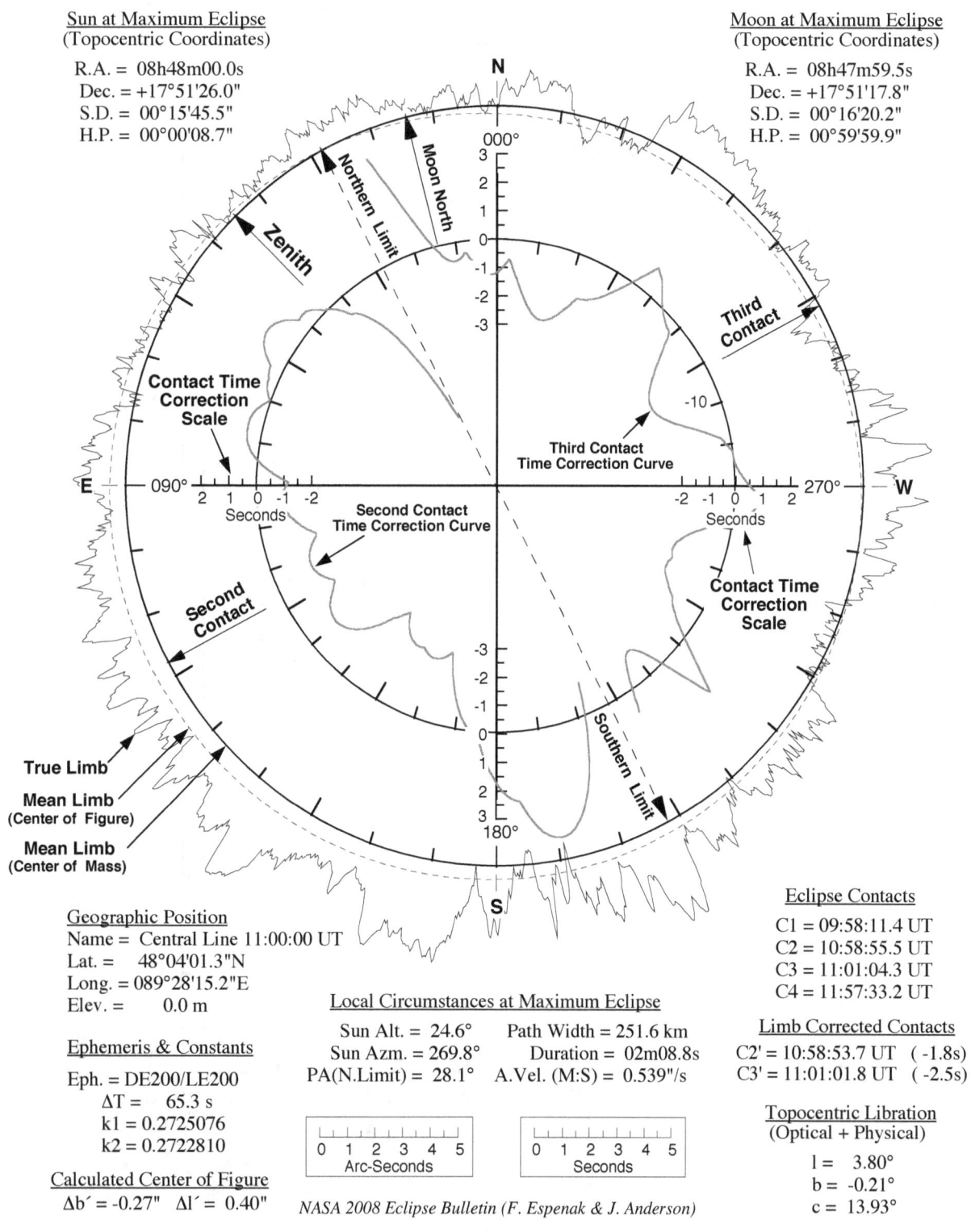

NASA 2008 Eclipse Bulletin (F. Espenak & J. Anderson)

Total Solar Eclipse of 2008 August 01

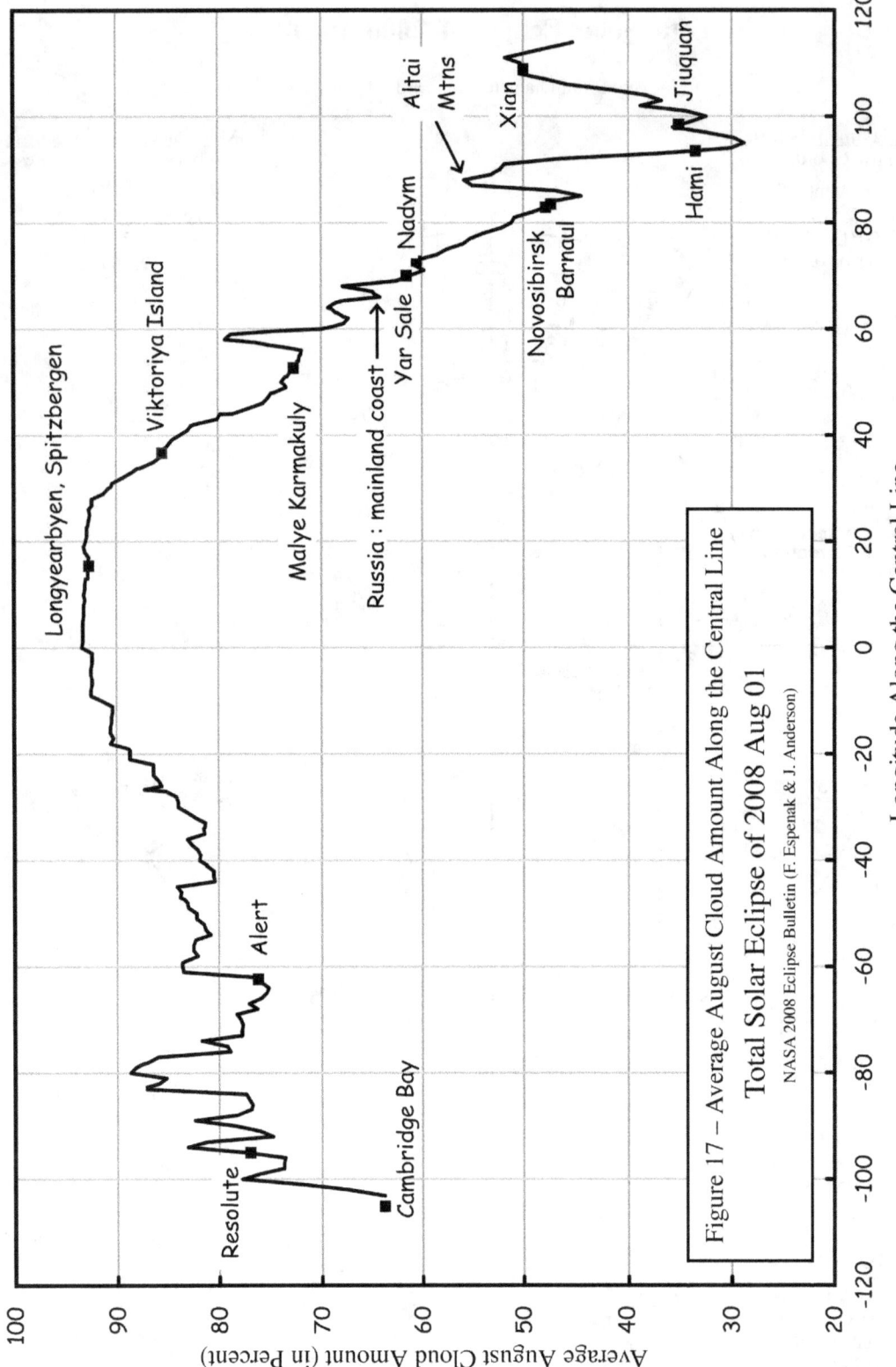

Figure 17: Graph of mean August cloud amount along the eclipse central line. The data were extracted from satellite imagery collected between 1981 and 2000. Geographical sites plotted along the graph are not necessarily within the eclipse track but projected onto the track to provide approximate location information. Data courtesy NOAA and the Pathfinder Project.

Figure 18: Spectral Response of Some Commonly Available Solar Filters

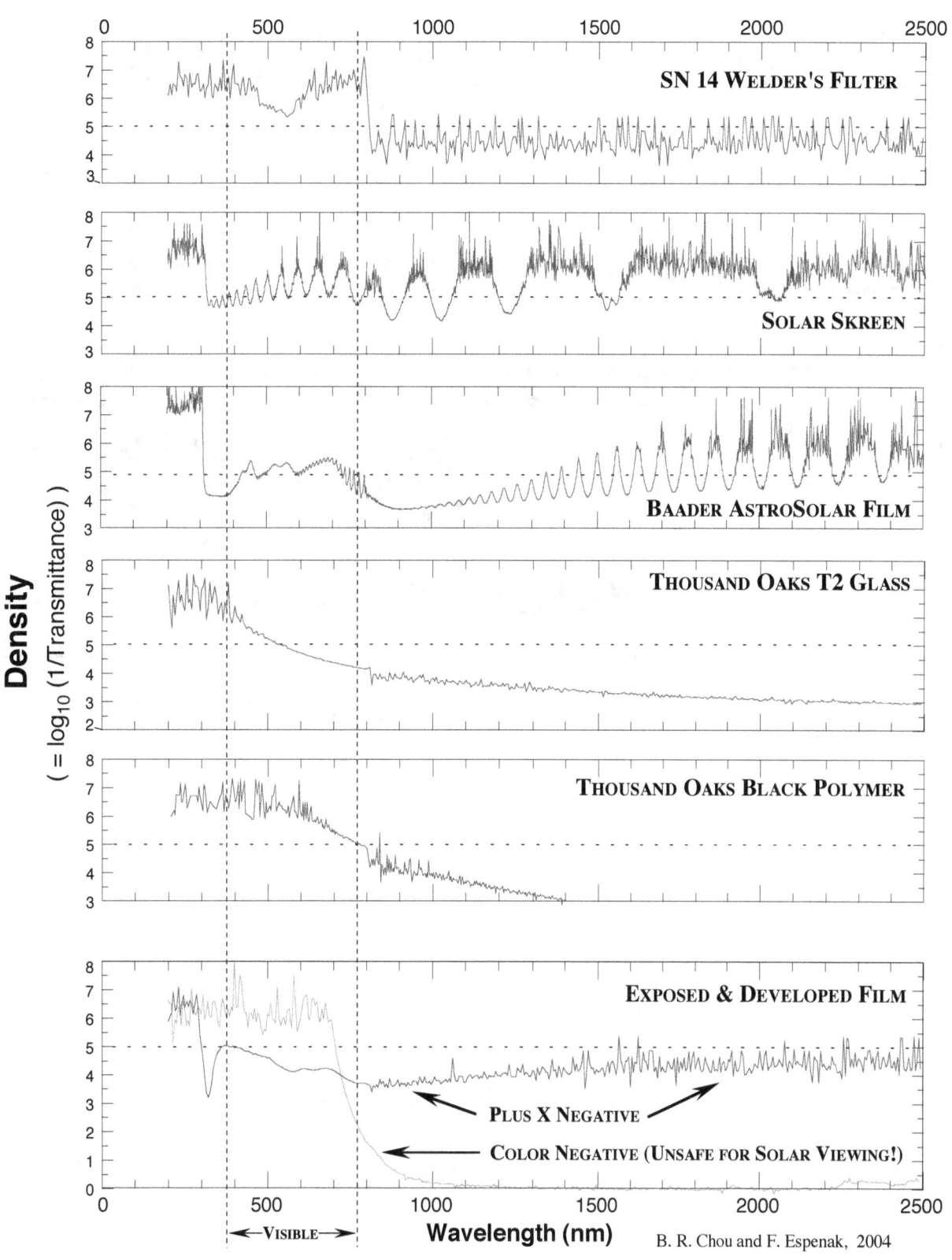

B. R. Chou and F. Espenak, 2004

Figure 19 - Lens Focal Length vs. Image Size for Eclipse Photography

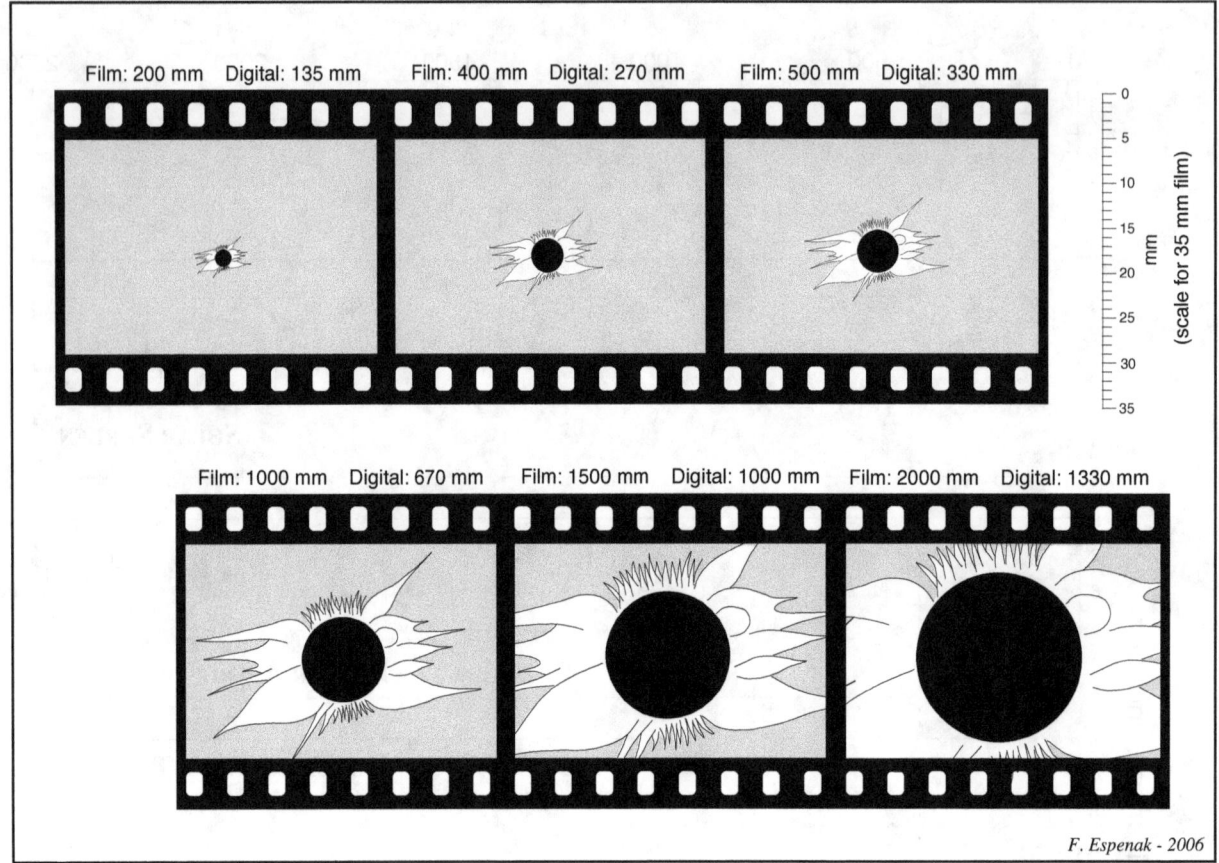

The image size of the eclipsed Sun and corona is shown for a range of focal lengths on both 35 mm film cameras and digital SLRs which use a CCD 2/3 the size of 35 mm film. Thus, the same lens produces an image 1.5x larger on a digital SLR as compared to film.

FIGURE 20 - SKY DURING TOTALITY AS SEEN FROM CENTRAL LINE AT 11:00 UT

Total Solar Eclipse of 2008 Aug 01

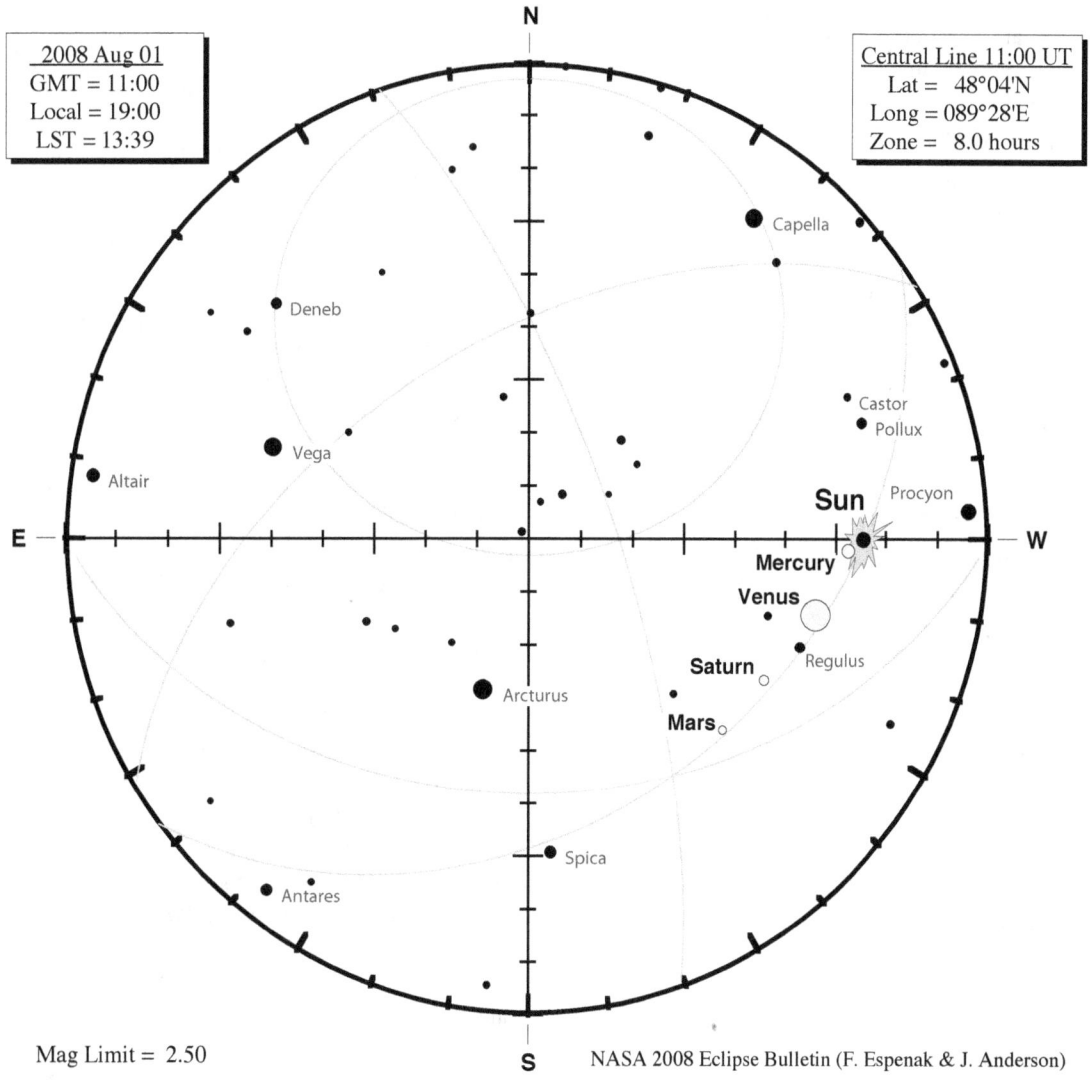

The sky during totality as seen from the central line in northern China at 11:00 UT. The most conspicuous planets visible during the total eclipse will be Mercury ($m_v=-1.7$) and Venus ($m_v=-3.8$) located 3° and 15° east of the Sun, respectively. Saturn ($m_v=+1.1$), and Mars ($m_v=+1.7$) will be more difficult to spot at 28° and 39° east of the Sun. Bright stars, which might also be visible, include Procyon ($m_v=+0.38$), Castor ($m_v=+1.94$), Pollux ($m_v=+1.14$), and Regulus ($m_v=+1.36$).

The geocentric ephemeris below [using Bretagnon and Simon, 1986] gives the apparent positions of the naked eye planets during the eclipse. *Delta* is the distance of the planet from Earth (A.U.'s), *App. Mag.* is the apparent visual magnitude of the planet, and *Solar Elong* gives the elongation or angle between the Sun and planet.

```
Ephemeris: 2008 Aug 01 11:00 UT                     Equinox = Mean Date

                                          App.  Apparent            Solar
Planet       RA          Declination   Delta   Mag.  Diameter   Phase   Elong
                                               arc-sec                    °
Sun        08h48m00s    +17°51'32"    1.01494  -26.7   1891.0     -       -
Moon       08h50m41s    +18°29'43"    0.00246    -     1947.6     -       -
Mercury    09h01m57s    +18°44'36"    1.34751  -1.7       5.0    0.99    3.4E
Venus      09h48m03s    +14°50'50"    1.65314  -3.8      10.1    0.97   14.7E
Mars       11h19m47s    +05°12'30"    2.29062   1.7       4.1    0.96   39.2E
Jupiter    19h03m51s    -22°52'32"    4.23078  -2.6      46.6    1.00  155.1E
Saturn     10h40m21s    +10°11'34"   10.20586   1.6      16.3    1.00   28.3E
```

ACRONYMS

AIDS	Acquired Immune Deficiency Syndrome
CD	Compact Disk
DCW	Digital Chart of the World
DMA	Defense Mapping Agency (U.S.)
D-SLR	Digital-Single Lens Reflex
GPS	Global Positioning System
IAU	International Astronomical Union
IOTA	International Occultation Timing Association
ISO	International Organization for Standardization
JNC	Jet Navigation Charts
NMEA	National Marine Electronics Association
ONC	Operational Navigation Charts
SASE	Self Addressed Stamped Envelope
SDAC	Solar Data Analysis Center
SEML	Solar Eclipse Mailing List
SLR	Single Lens Reflex
TDT	Terrestrial Dynamical Time
TP	Technical Publication
USAF	United States Air Force
USGS	United States Geological Survey
UT	Universal Time
UV	Ultraviolet
UVA	Ultraviolet-A
WDBII	World Data Bank II

UNITS

arcsec	arc second
ft	foot
h	hour
km	kilometer
m	meter
min	minute
mm	millimeter
nm	nanometer
s	second

BIBLIOGRAPHY

American Conference of Governmental Industrial Hygienists Worldwide (ACGIH), 2004: *TLVs® and BEIs® Based on the Documentation of the Threshold Limit Values for Chemical Substances and Physical Agents & Biological Exposure Indices,* ACGIH, Cincinnati, Ohio, 151–158.

Bretagnon, P., and J.L. Simon, 1986: *Planetary Programs and Tables from –4000 to +2800,* Willmann-Bell, Richmond, Virginia, 151 pp.

Brown, E.W., 1919: *Tables of the Motion of the Moon,* 3 vol., Yale University Press, New Haven, Connecticut, 151 pp.

Chou, B.R., 1981: Safe solar filters. *Sky & Telescope,* **62**(2), 119 pp.

Chou, B.R., 1996: "Eye Safety During Solar Eclipses—Myths and Realities." In: Z. Mouradian and M. Stavinschi, eds., *Theoretical and Observational Problems Related to Solar Eclipses, Proc. NATO Advanced Research Workshop.* Kluwer Academic Publishers, Dordrecht, Germany, 243–247.

Chou, B.R., and M.D. Krailo, 1981: Eye injuries in Canada following the total solar eclipse of 26 February 1979. *Can. J. Optom.,* **43**, 40.

Del Priore, L.V., 1999: "Eye Damage from a Solar Eclipse." In: M. Littmann, K. Willcox, and F. Espenak, *Totality, Eclipses of the Sun,* Oxford University Press, New York, 140–141.

Eckert, W.J., R. Jones, and H.K. Clark, 1954: *Improved Lunar Ephemeris 1952–1959,* U.S. Naval Observatory, Washington, DC, 422 pp.

Espenak, F., 1987: *Fifty Year Canon of Solar Eclipses: 1986–2035,* NASA Ref. Pub. 1178, NASA Goddard Space Flight Center, Greenbelt, Maryland, 278 pp.

Espenak, F., 1989: "Eclipses During 1990." In: *1990 Observer's Handbook,* R. Bishop, Ed., Royal Astronomical Society of Canada, University of Toronto Press.

Espenak, F., and J. Anderson, 2006: "Predictions for the Total Solar Eclipses of 2008, 2009 and 2010," *Proc. IAU Symp. 233 Solar Activity and its Magnetic Origins,* Cambridge University Press, 495–502.

Espenak, F., and J. Meeus., 2006: *Five Millennium Canon of Solar Eclipses: –2000 to +3000 (2000 BCE to 3000 CE),* NASA TP–2006-214141, NASA Goddard Space Flight Center, Greenbelt, Maryland, 648 pp.

Fiala, A., and J. Bangert, 1992: *Explanatory Supplement to the Astronomical Almanac,* P.K. Seidelmann, Ed., University Science Books, Mill Valley, California, 425 pp.

Herald, D., 1983: Correcting predictions of solar eclipse contact times for the effects of lunar limb irregularities. *J. Brit. Ast. Assoc.,* **93**, 6.

Her Majesty's Nautical Almanac Office, 1974: *Explanatory Supplement to the Astronomical Ephemeris and the American Ephemeris and Nautical Almanac,* prepared jointly by the Nautical Almanac Offices of the United Kingdom and the United States of America, London, 534 pp.

Marsh, J.C.D., 1982: Observing the Sun in safety. *J. Brit. Ast. Assoc.,* **92**, 6.

Meeus, J., C.C. Grosjean, and W. Vanderleen, 1966: *Canon of Solar Eclipses,* Pergamon Press, New York, 779 pp.

Michaelides, M., R. Rajendram, J. Marshall, S. Keightley, 2001: Eclipse retinopathy. *Eye,* **15**, 148–151.

Morrison, L.V., 1979: Analysis of lunar occultations in the years 1943–1974 *Astr. J.*, **75**, 744.

Morrison, L.V., and G.M. Appleby, 1981: Analysis of lunar occultations–III. Systematic corrections to Watts' limb-profiles for the Moon. *Mon. Not. R. Astron. Soc.*, **196**, 1013.

Morrison, L.V., and C.G. Ward, 1975: An analysis of the transits of Mercury: 1677–1973. *Mon. Not. Roy. Astron. Soc.*, **173**, 183–206.

Newcomb, S., 1895: Tables of the motion of the Earth on its axis around the Sun. *Astron. Papers Amer. Eph.*, Vol. 6, Part I, 9–32.

Pasachoff, J.M., 2000: *Field Guide to the Stars and Planets*, 4th edition, Houghton Mifflin, Boston, 578 pp.

Pasachoff, J.M., 2001: "Public Education in Developing Countries on the Occasions of Eclipses." In: A.H. Batten, Ed., *Astronomy for Developing Countries*, IAU special session at the 24th General Assembly, 101–106.

Pasachoff, J.M., and M. Covington, 1993: *Cambridge Guide to Eclipse Photography*, Cambridge University Press, Cambridge and New York, 143 pp.

Penner, R., and J.N. McNair, 1966: Eclipse blindness—Report of an epidemic in the military population of Hawaii. *Am. J. Ophthal.*, **61**, 1452–1457.

Pitts, D.G., 1993: "Ocular Effects of Radiant Energy." In: D.G. Pitts and R.N. Kleinstein Eds., *Environmental Vision: Interactions of the Eye, Vision and the Environment*, Butterworth-Heinemann, Toronto, 151 pp.

Reynolds, M.D., and R.A. Sweetsir, 1995: *Observe Eclipses*, Astronomical League, Washington, DC, 92 pp.

Sherrod, P.C., 1981: *A Complete Manual of Amateur Astronomy*, Prentice-Hall, 319 pp.

Rand McNally, 1991: *The New International Atlas*, Chicago/New York/San Francisco, 560 pp.

van den Bergh, G., 1955: *Periodicity and Variation of Solar (and Lunar) Eclipses*, Tjeenk Willink, Haarlem, Netherlands, 263 pp.

Van Flandern, T.C., 1970: Some notes on the use of the Watts limb-correction charts. *Astron. J.*, **75**, 744–746.

U.S. Dept. of Commerce, 1972: *Climates of the World*, Washington, DC, 28 pp.

Watts, C.B., 1963: The marginal zone of the Moon. *Astron. Papers Amer. Ephem.*, **17**, 1–951.

Further Reading on Eclipses

Allen, D., and C. Allen, 1987: *Eclipse*, Allen and Unwin, Sydney, 123 pp.

Brewer, B., 1991: *Eclipse*, Earth View, Seattle, Washington, 104 pp.

Brunier, S., 2001: *Glorious Eclipses*, Cambridge University Press, New York, 192 pp.

Covington, M., 1988: *Astrophotography for the Amateur*, Cambridge University Press, Cambridge, 346 pp.

Duncomb, J.S., 1973: *Lunar limb profiles for solar eclipses*, U.S. Naval Observatory Circular No. 141, Washington DC, 33 pp.

Golub, L., and J.M. Pasachoff, 1997: *The Solar Corona*, Cambridge University Press, Cambridge, Massachusetts, 388 pp.

Golub, L., and J. Pasachoff, 2001: *Nearest Star: The Surprising Science of Our Sun*, Harvard University Press, Cambridge, Massachusetts, 286 pp.

Harrington, P.S., 1997: *Eclipse!*, John Wiley and Sons, New York, 280 pp.

Harris, J., and R. Talcott, 1994: *Chasing the Shadow: An Observer's Guide to Solar Eclipses*, Kalmbach Publishing Company, Waukesha, Wisconsin, 160 pp.

Littmann, M., K. Willcox, and F. Espenak, 1999: *Totality, Eclipses of the Sun*, Oxford University Press, New York, 268 pp.

Littmann, M., K. Willcox, and F. Espenak, 1999: *Totality, Eclipses of the Sun*, Oxford University Press, New York, 264 pp.

Mitchell, S.A., 1923: *Eclipses of the Sun*, Columbia University Press, New York, 425 pp.

Meeus, J., 1998: *Astronomical Algorithms*, Willmann-Bell, Inc., Richmond, 477 pp.

Meeus, J., 1982: *Astronomical Formulae for Calculators*, Willmann-Bell, Inc., Richmond, Virginia, 201 pp.

Mucke, H., and Meeus, J., 1983: *Canon of Solar Eclipses: –2003 to +2526*, Astronomisches Büro, Vienna, 908 pp.

North, G., 1991: *Advanced Amateur Astronomy*, Edinburgh University Press, 441 pp.

Ottewell, G., 1991: *The Under-Standing of Eclipses*, Astronomical Workshop, Greenville, South Carolina, 96 pp.

Pasachoff, J.M., 2004: *The Complete Idiot's Guide to the Sun*, Alpha Books, Indianapolis, Indiana, 360 pp.

Pasachoff, Jay M., 2007, "Observing Solar Eclipses in the Developing World." In: *Astronomy for the Developing World*, John Hearnshaw, Ed., from Special Session 5 at the International Astronomical Union's 2006 General Assembly, Cambridge University Press, (in press).

Pasachoff, J.M., and B.O. Nelson, 1987: Timing of the 1984 total solar eclipse and the size of the Sun. *Sol. Phys.*, **108**, 191–194.

Steel, D., 2001: *Eclipse: The Celestial Phenomenon That Changed the Course of History*, Joseph Henry Press, Washington, DC, 492 pp.

Stephenson, F.R., 1997: *Historical Eclipses and Earth's Rotation*, Cambridge University Press, New York, 573 pp.

Todd, M.L., 1900: *Total Eclipses of the Sun*, Little, Brown, and Co., Boston, 273 pp.

Von Oppolzer, T.R., 1962: *Canon of Eclipses*, Dover Publications, New York, 376 pp.

Zirker, J.B., 1995: *Total Eclipses of the Sun*, Princeton University Press, Princeton, 228 pp.

Further Reading on Eye Safety

Chou, B.R., 1998: Solar filter safety. *Sky & Telescope*, **95**(2), 119.

Pasachoff, J.M., 1998: "Public Education and Solar Eclipses." In: L. Gouguenheim, D. McNally, and J.R. Percy, Eds., *New Trends in Astronomy Teaching*, IAU Colloquium 162 (London), Astronomical Society of the Pacific Conference Series, 202–204.

Further Reading on Meteorology

Griffiths, J.F., Ed., 1972: *World Survey of Climatology, Vol. 10, Climates of Africa*, Elsevier Pub. Co., New York, 604 pp.

National Climatic Data Center, 1996: *International Station Meteorological Climate Summary; Vol. 4.0* (CD-ROM), NCDC, Asheville, North Carolina.

Schwerdtfeger, W., Ed., 1976: *World Survey of Climatology, Vol. 12, Climates of Central and South America*, Elsevier Publishing Company, New York, 532 pp.

Wallen, C.C., Ed., 1977: *World Survey of Climatology, Vol. 6, Climates of Central and Southern Europe*, Elsevier Publishing Company, New York, 258 pp.

Warren, S.G., C.J. Hahn, J. London, R.M. Chervin, and R.L. Jenne, 1986: Global Distribution of Total Cloud Cover and Cloud Type Amounts Over Land. *NCAR Tech. Note NCAR/TN-273+STR* and *DOE Tech. Rept. No. DOE/ER/60085-H1,* U.S. Department of Energy, Carbon Dioxide Research Division, Washington, DC, (NTIS number DE87-006903), 228 pp.

www.ingramcontent.com/pod-product-compliance
Lightning Source LLC
Chambersburg PA
CBHW081736170526
45167CB00009B/3840